BEAU LOTTO

DEVIATE

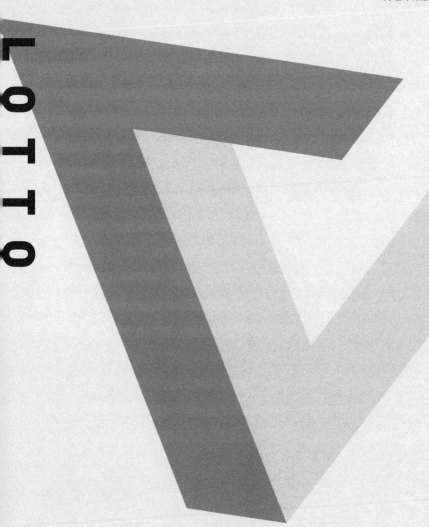

THE SCIENCE OF SEEING DIFFERENTLY

慣性思考大改造

教大腦走不一樣的路，
再也不跟別人撞點子。

各界給予《慣性思考大改造》的讚譽

我們與創意的距離

你看到的世界，和我的有什麼不同嗎？

應該是大同小異的吧？否則我們根本無法建構出共同的想像，並且依著類似的原則在社會中生活，遑論要彼此有效溝通。

然而，我們很多時候都想要讓自己在這個世界中活得特別，這甚至是人性的基本需求吧？或許，我們的獨特性也好，創意也好，就是來自這個「小異」。

我們總以為在現實世界中，和夢境相比，我們的所見所聞應該都是真實的。姑且不論假新聞，即使你親身經歷和親眼目睹了，就一定是真實不虛？神經科學家羅托在這本書中，使了不少詭計，讓我們一次又一次上自己眼睛和大腦的當。

當我們以為所有人都應該上同樣的當時，二〇一五年網路瘋傳的藍、白洋裝照片又來落井下石，我聽過很多理論在解釋此現象，可是迄今仍困惑為何有人看到的是藍、黑色，而非我看到的白、金色，果然你的錯覺不是你的錯覺。

這個震驚了幾十億人的洋相……哦不……洋裝，顯示出我們的大腦，與其說是讓我們體驗世界本身，還不如說是先過濾掉許多「雜訊」，然後建構出一個虛幻世界。我們與真實的距離，從不是天擇真正關心的。只要能夠快速覓食、躲避天敵、邂逅良偶，我們的感官就算足夠精良了。當然，這樣的過濾加上建構，會讓我們產生許多「有趣」的錯覺。

生活在舒適圈中，能令人安心，可是經年累月後，換來的可能是固步自封、墨守成規、抱殘守缺。我們自以為很懂「山不轉路轉、路不轉人轉」的道理，但現實中往往更多時候是在鬼打牆的原地踏步中蹉跎歲月。旁觀者清，當我們隨著羅托設下的「兔子洞」進入一個奇幻的世界，我們自己就不斷在當事人和旁觀者之間做身分的有趣抽換。

這本書不僅僅是自助書，雖然羅托也很想要把方法及技巧傳授給我們，同時也是本科普書，因為唯有了解箇中原理，我們才能心悅誠服地受教。羅托把他二十五年學術生涯的菁華濃縮在這本書中。雖然成立「怪奇實驗室」並且在各大博物館中進行裝置展覽，不太像是科學家的作為，但這些經驗讓羅托跳脫了純象牙塔式的視角。書中許多「感知神經科學」的案例令人大開眼界，也讓人跟著一直追問「為什麼」。

我們早已不是生活在莽原中逐水草而居，再也不必擔心會被豺狼虎豹吃掉，所以應該要盡情以不同方式觀看世界，為工作、愛情、家庭、遊戲帶來新意！羅托在這本書中不僅是透過文字和圖片抽象地告訴我們，所謂的新體驗是啥，他甚至把玩法玩到了排版上！

書中每一章都對我們固有的感知慣性帶來挑戰，不得不偏離大腦的制式反應，讓我們體驗到要當個驚世駭俗的怪才，又有何不能為之？

——**黃貞祥**，清華大學生命科學系助理教授

Beau Lotto 是一位神經科學家，曾兩度登上 TED Global 演講。
兩次上台，他都要求聽眾：「read what you see」（讀出你看到的東西）。他秀出：「w at ar ou rea in ?」的投影片，台下整齊劃一地唸出：「what are you reading？」，他反過來質疑，不是請你們唸出看到的資訊嗎？為什麼你們自己腦補？
他在書中解釋，關於我們的感知，感官只負責一部分的資訊，其他則和我們過去習得的經驗有關。
大樂透連續N期沒人中獎的夜晚，投注站前總是大排長龍。「樂透」兩字對排隊與不買的人來說，在腦中可能是小島度假與肉包子打狗兩種截然不同的畫面。作者抽絲剝繭告訴我們，其實我們可以改變自己的反射性反應，也就是我們能改變自己的命運。
——**楊斯棓**，方寸管顧首席顧問、醫師

《慣性思考大改造》和政大科智所在甄選人才時標榜非乖男巧女的「匪類」類似，要調教出「敢與眾不同」（Dare to be different）的學生，我們做過很多的嘗試，從知覺到行為，從內容到脈絡。本書提供了一個更有論述基礎、更多實驗背書的證據，一個需要突破的社會或企業更應如是。從芬蘭到蘋果公司、GOGORO 或雷亞遊戲（RAYARK）都是這樣引領創新。作者從「怪奇實驗室」的設計，到本書的撰寫都身體力行，挑戰讀者的慣性，讓我們進行一趟不同的「發現之旅」，對自己所理解的現實、資訊、知識，重新翻轉它們的意義。
——**溫肇東**，東方廣告董事長、政治大學科智所兼任教授

每個人應該都看過錯覺圖形跟魔術表演，讚嘆後覺得很神奇的話，就會去了解一下這是如何產生。但很少人會去關心大腦「為什麼」產生這樣的結果，如果錯覺是一種錯誤的話，長年下來的演化為何會保留這樣的不精確呢？
作者透過一連串的精彩範例演示，說明我們的大腦為何要做大程度的「腦補」，這樣的不精確是為了構築內在的確定性，以便有控制感。同時闡釋了在面對未來日新月異、改變飛快的環境，擁抱不確定才是更合宜的思維與作法！
——**蔡宇哲**，台灣應用心理學會理事長、哇賽！心理學總編輯

推薦序

這本書野心很大，想要動搖你對現實的感知，而且很有可能會成功。不過你不必擔心——你不會因為看了這本書突然驚醒，發現桌上有個陀螺不停地轉……因為你就是那個陀螺，我們都是。人生就是在無意義的資訊中製造意義，在不確定的世界裡找到標的，一邊閱讀此書，一邊也感謝我們那顆總是沒事找事做的大腦吧。
——**鄭國威**，泛科知識公司知識長

打破我們所有的認知……趣味十足，發人深省。
——**肯・羅賓森**（Ken Robinson），《紐約時報》暢銷書《讓天賦自由》（*The Element*）作者

本書是親民、風趣、互動版的《快思慢想》（*Thinking, Fast and Slow*），帶領讀者了解同時依賴理智與感知的重要性，閱讀過程令人如沐春風。作者很擅長說故事，以罕見的方式將經過同儕審查的科學融入創意藝術，提供我們據以行動的方針。
——**大衛・羅文**（David Rowan），《連線》（*Wired*，英國版）雜誌編輯

羅托以傑出神經科學家的身分，解釋人類天生的感知如何讓我們急於排除人生中的不確定性……告訴我們如何重新打造大腦，在自己的組織與生活中，準備好帶領眾人一起創新。
——**琳達・A・希爾**（Linda A. Hill），哈佛商學院教授、《成為管理者》（*Becoming a Manager*）作者

作者利用神經科學，找出我們人生陷入僵局的原因，解釋心智的力量。他具備感染力的熱情，讓讀者忍不住想聽他說話。
——**羅倫斯・李維**（Lawrence Levy），皮克斯動畫工作室前財務長，《搶救皮克斯！》（*To Pixar and Beyond*）作者

本書具備獨特寫作風格，給我們一扇創新、好玩、複雜的窗，帶我們一窺人類感知與創新的本質。

——**海倫．費雪**（Helen Fisher），《我們為何會愛》（*Why We Love: The Nature and Chemistry of Romantic Love*）作者

羅托是撰寫感知能力神經科普書的絕佳人選。這位資深神經科學家以遊刃有餘的方式，緊緊抓住讀者的注意力，以大膽創新的方式推廣科學。看完後你會明白，我們日常的觀看體驗，其實是超乎想像、令人興奮的神祕之旅。

——**克里斯．佛里斯**（Chris Frith），倫敦大學學院心理學榮譽退休教授

羅托的真知灼見打破我們對於感知的認識。我們感知現實、想像現實、對現實做出反應的方式，不是我們以為的那樣。他除了讓複雜的科學概念與研究成果變得易於理解，還解釋為什麼該將相關知識運用在人生之中，大幅增加本書的可看性。

——**布魯諾．古桑尼**（Bruno Giussani），TED 歐洲主持人、TEDGlobal 策展人與主辦人

自由感知……

不畏風雨……

推翻權威……

勇敢質疑……

忠於「偏見」……

獻給走自己道路的人

CONTENTS

謝辭

所有的知識都源於問題，而從英文詞源來看，**問題**（question）又是源自「**探索**」（quest）（太明顯了），人生也一樣。活著的重點是有勇氣出發，雖然心中充滿不確定，依舊邁出腳步（有時是不太妙的一步，掉下懸崖）。幸好，沒有人是獨自前進（除了上面提到的人）。我身邊勇氣十足的人們，給了我不同的人生協助，讓我得以在摸索之中踏出腳步，寫下本書。在此感謝我與眾不同的父母與珍奈特（Janet）、我四個瘋狂的姊妹、我的淘氣小精靈桑娜（Zanna）、米夏（Misha）、西奧（Theo），以及我人生一定得有她同行的伊莎貝爾（Isabel）。她是我美麗的（共同）探索者與創造者。我的家人把生活過得多彩多姿，教我以新方式看世界，雖然有時是以違反我意願的方式（抱歉說了實話），但永遠帶來益處。他們是「**我的為什麼**」。因為有他們支持著我，我除了自己能隨心所欲嘗試去看，也有動力協助他人改變自己看世界的方式。

我要感謝我的老師（以及所有廣義的老師）。我們大部分的人生，發生在我們不在場的時刻，因為我們的感知大多源自或直接繼承自他人。我人生特別重要的感知，來自全球最頂尖的神經科學家戴爾．帕爾夫斯（Dale Purves），他啟發我，訓練我，我的科學思考，我的科學家生涯，以及我所知道的感知科學，都受他影響。他是最貨真價實的導師。戴爾與理查．葛瑞格里（Richard Gregory）、瑪麗安．戴蒙德（Marian Diamond）、約瑟夫．坎伯（Joseph Campbell）、休斯頓．史密斯（Houston Smith）、卡爾．薩根（Carl Sagan），以另類的行動讓人看見，**真正的**科學（以及廣義的創意批判思維）是一種可以改變世界的**生活方式**。他們是教我們如何去「看」的老師（而不是指定我們要看什麼）。湖間高中（Interlake）的史圖博老師（Mrs Stuber）、翠麗學校（Cherry Crest）的金恩維格老師（Mrs Kinigle-Wiggle）、馬歇梅隆老師（Mrs Marshmellow）、格魯姆老師（Mr Groom）、奧蘭多老師（Mr Orlando），謝謝你們。我也要感謝我的主要合作者（他們是另一種老師）：伊莎貝爾．貝恩克（Isabel Behncke）在個人與學術生活上，都從最重要的層面拓展、開啓與奠基我的知識（包括智利海藻床與湖床的不同地基）；瑞奇．克拉克（Rich Clarke）自實驗室成立以來，就是實驗室舉辦活動與發想點子的核心人物；拉爾斯．契特卡（Lars Chittka）教我訓練蜜蜂；戴夫．史特威克（Dave Strudwick）是實驗室的科學教育課程靈魂人物……我要感謝我充滿多樣性的博碩學生，他們來自神經科學、電腦科學、設計、建築、戲劇、裝置藝術、音樂等領域，包括大衛．莫金（David Malkin）、丹尼爾．休姆（Daniel Hulme）、烏迪．施勒辛爾（Udi Schlessinger）、伊利亞斯．伯斯特朗（Ilias Berstrom）。他們個個成為我不懂的領域的專家，讓實驗室與我的思考以非常必要的方式複雜化。

我也要感謝大力幫忙的編輯毛羅（Mauro）、碧雅（Bea）、保羅（Paul），傑出的經紀人與朋友道格．亞布拉姆斯（Doug Abrams），他在出版界的企圖心與影響力帶來很大的啟發。我也要感謝協助我寫作的亞倫．舒曼（Aaron Shulman）。沒有他，我永遠看不到這個二十年計畫開花結果，更別說被其他人看到。感謝大家一起耗費很大的心力創新，努力在創意與效率之間取得平衡（更精確的說法是大家很有耐心地努力讓我平衡）。

此外，我要感謝**各位讀者**。人生最大的挑戰是踏進不確定性。我把本書當成一場以書籍形式呈現的實驗，在這個園地分享我個人對於感知必然有限的理解，順帶也分享相關的推測與看法（直接或間接源自他人）。我相當期待這本書將帶來「知之為知之，不知為不知，是知也」的效果。在大自然中，形成（或改變）源自失敗，而不是源自成功。大腦就跟生命體一樣，尋求的目標不是活下去，而是不要死去，也因此當一個人在深思熟慮的迷惑狀態下，以歪歪倒倒的方式走得夠遠，成功將是失敗恰巧留下的東西。

一場紙上實驗，

換一顆有創意的腦。

唯一貨真價實的發現之旅……

〔是〕擁有不同的眼睛，

透過他人之眼看宇宙。

——法國作家馬塞爾・普魯斯特（Marcel Proust）

引言──怪奇實驗室

各位睜開雙眼時，看見的是世界真實的樣貌嗎？我們看得見「現實」嗎？

數千年來，人類一直在問自己這個問題。從古希臘時代，柏拉圖（Plato）在其著作《理想國》（*The Republic*）提到的洞穴理論就指出，我們只不過是看到事物的倒影。一路到了現代，《駭客任務》（*The Matrix*）電影中的神祕人物莫菲斯（Morpheus）用紅藥丸或藍藥丸，讓主角尼歐（Neo）選擇是否要活在虛擬世界。從古至今，「所見可能非所是」的概念一直困擾著我們。十八世紀哲學家康德（Immanuel Kant）主張，我們永遠無法接觸到「物自身」（*Ding an sich*），也就是「事物本身」（thing-in-itself）未經篩選的客觀現實。史上有許多聰明腦袋一而再、再而三探討這個令人費解的問題，提出五花八門的理論，不過今日神經科學有了答案。

答案是我們見不到現實。

這個世界的確存在，只是我們看不到。我們無法體驗世界本身，因為**人類的大腦不是那樣演化的**。這有點像是悖論：大腦讓你覺得自己的感知客觀真實，然而帶來感知的感官感知過程，卻使你永遠無法直接接觸到現實。我們的五種感官就像電腦鍵盤，世上的資訊因而有途徑進入電腦，然而感官與感知時體驗到的東西，彼此關聯並不大。基本上，感官只是機械媒介，僅在我們感知到的東西中扮演有限的角色。事實上，光就神經連結數目來看，大腦用來看的資訊，僅一成來自我們的眼睛，其餘的則來自大腦其他部分。剩下的九成，就是本書主要談的東西。感知除了源自我們的五種感官，也來自大腦看似無窮無盡、負責理解所有接收資訊的複雜網絡。從感知神經科學（perceptual neuroscience，不只是神經科學）著手，將可理解為什麼我們無法感知到現實，接著探索為什麼無法感知現實，這將帶來工作、愛情、家庭、遊戲上的創意與創新。本書採用的寫作方式一如本書要探討的主題：一種以不同方式觀看事情的過程。

讓我先說明一下為什麼各位要在乎這件事？為什麼需要改變自己目前的感知方式？畢竟我們覺得是以精確的方式看待現實——至少大部分的時候如此。我們的大腦感知模式顯然相當適合人類這種物種，從我們還是大草原上的獵人／採集者，一直到現在這個靠智慧型手機付帳的年代，我們在世上來去自如，有辦法處理變化多端的複雜情境，尋覓到食物與遮風避雨處、保住一份工作、建立有意義的人際關係。人類建造出城市，把太空人送進太空，還發明了網路，顯然一定是做對了什麼，所以……誰在乎我們看不見現實？

誰在乎我們看不見現實？

感知很重要，感知支撐著我們思考、知道與相信的每一件事——我們的希望與夢想、我們穿的衣服、我們選擇的職業、我們擁有的想法、我們信任誰……不信任誰。感知是蘋果的滋味、海洋的氣味、春天的魅力、城市的喧囂、愛的感受，甚至是探討不可思議的愛的對話。我們的自我認知、我們理解存在的最基本方式，一切的一切，從感知開始，以感知為終點。很多人懼怕死亡，其實不是怕身體消逝，而是害怕感知消失，因此他們會很開心地認同「肉體死亡」後，感知周遭世界的能力依然存在，是感知讓我們得以體驗生命本身……甚至包括把生命視為「活」的。但多數人對於感知的運作方式一無所知，不曉得人為何能感知，也不清楚大腦感知演化迄今的方式與成因。這就是為什麼人類大腦的感知如何演化，隱含十分深遠的意義，而且與個人休戚相關。

我們的腦中，同時包含人類老祖宗受天擇過程型塑的感知反射、我們自身的反射，還有周遭文化的反射。相關反射接著又受發展與學習的機制影響，造成我們只看見過去協助我們存活的事物，對於其他的視而不見。我們隨身攜帶這個由經驗衍生的「實證史」（empirical history），並投射至周遭世界。我們除了自己會選擇求生，所有人類祖先做過對生存有利的選擇，也內建在我們體內（相關機制會篩選掉與之不相容的感知，此一過程今日依舊天天發生）。

問題來了，如果大腦是歷史的產物，我們怎麼有可能踏出過去，活出與創造出不同的未來？幸運的是，感知的神經科學與演化提供了解答。這個答案很重要，因為它將帶來生活中每一個面向的思考與行為創新，從愛到學習皆包含在內。下一項最偉大的創新是什麼？

不是科技。

而是觀看世界的方式。

人類擁有ㄎㄕㄞㄦㄊㄈㄝㄋㄨㄈㄝㄉㄜㄛㄎㄎㄨㄩㄔㄙㄐㄙ無窮無盡的天賦，ㄉㄋㄌㄛㄝㄨㄉㄤㄌㄏㄜㄨㄘㄋㄈㄇㄊㄆ有辦法光是靠思考感知過程，ㄋㄏㄍㄛㄝㄌㄋㄨㄜㄜㄗㄎㄨ就看透自己的生活、影響自己的生活。ㄎㄕㄞㄌㄡㄦㄊㄈㄝㄞㄎㄝㄤㄌㄏㄜㄨㄘ我們有辦法看透自己如何觀看世界。ㄞㄎㄝㄌㄋㄨ這就是本書要講的重點：看見自己如何觀看、ㄎㄕㄋㄞ感知自己如何感知。如果要以不同方式觀看世界，ㄌㄜㄛㄗㄘ這可說是最基本的步驟。了解大腦的感知原理，ㄋㄅㄜㄌㄜ就能主動參與自己的感知，並在往後加以改變。

掉下兔子洞

《愛麗絲夢遊仙境》（*Alice in Wonderland*）的主角愛麗絲（Alice）跟著一隻白兔掉下一個洞，抵達奇幻世界，身體變大，時間在瘋帽子（Mad Hatter）那兒永遠停留在下午六點，柴郡貓（Cheshire Cat）的笑容漂浮空中，身體卻消失不見。愛麗絲必須一邊走過這個奇特的新環境，一邊保有自我，這種事對所有人來說都不簡單，更別提愛麗絲還只是個小孩。《愛麗絲夢遊仙境》讓我們看見遇上變幻莫測的情境時，適應力有多重要。然而，從神經科學的角度來看，《愛麗絲夢遊仙境》還突顯出更重要的一件事：我們所有人時時刻刻都跟愛麗絲一樣——每一天大腦必須處理不可預測的經歷帶來的新奇資訊，做出有利生存的反應，雖然我們沒有掉下兔子洞，卻像是深陷其中。

本書是依據我超過二十五年的研究，帶領讀者暢遊自己的隱藏版感知仙境，正如同這些研究引領我看見的世界。各位不必是所謂的「理工人」，也能讀懂這本書。雖然我是神經科學家，但我感興趣的不只是大腦，因為神經科學遠遠不僅限於研究大腦。神經科學被應用在傳統上的相關領域——例如化學、生理學、醫學——以外時，除了帶來無限的可能性，還充滿美妙的不可預測性。廣義的神經科學有可能影響包羅萬象的事物，包括應用程式（APP）、藝術、網頁設計、時裝設計、教育、傳播，最基本的是影響各位的個人生活。你是唯一能看到自己「視界」的人，也因此感知是很個人的一件事。深入了解大腦（以及大腦與周遭世界的關係）足以影響**任何事**，並帶各位走上出人意表的「歪路」。

各位一旦和我幾年前一樣，開始用這樣的角度看待感知的神經科學，就很難再乖乖待在實驗室裡……至少會在傳統的古板「實驗室」裡坐不住。我在十年前開始把精力放在替大眾重塑大腦的科學體驗：一種「體驗實驗」（experiment as experience），甚至是劇場。我最早在某頂尖科學博物館所做的一場裝置展覽，主題就是「愛麗絲夢遊仙境」。那場展覽很像《愛麗絲夢遊仙境》作者路易斯・卡羅（Lewis Carroll）顛覆的奇幻小說，帶著參觀者走過各種錯覺，挑戰與豐富民眾對於人類感知的理解。我的第一場展覽是跟科學家葛瑞格里（Richard Gregory）合作，葛瑞格里是感知研究的大師，我們對大腦感知的觀點主要是受他影響。第一場展覽結束後，又衍生出各種展覽，核心概念都是「如果要打造一個空間讓人們理解感知是怎麼一回事，我們不僅要考量自己如何看，還要考量為何我們會看見自己看到的東西」。我就此成立了「怪奇實驗室」（Lab of Misfits）。這是一個對所有人開放的公共空間，在「科學的自然棲息地」中進行實驗，悠遊於玩心十足與打破成規的創意生態。我們後來進駐「倫敦科學博物館」（Science Museum in London），進行了最瘋狂的實驗。

「怪奇實驗室」讓我得以廣邀靈長動物學者、舞者、編舞者、音樂家、作曲家、小孩、教師、數學家、電腦科學家、投資人、行為科學家，當然少不了神經科學家，大家齊聚一堂，討論創意、熱情探索各自關心的事。我們有正式的「蠟筆管理長」（Keeper of the Crayons）與「遊戲長」（Head Player，不是英文字面上「玩別人的頭」的意思——至少就我們所知沒有）。我們發表論文，談非線性運算與舞蹈、蜜蜂行為與建築、視覺音樂、植物發展的演化。我們研發出全球第一個「沉浸式訊息」（Immersive Messaging）APP，透過「擴增實境」（augmented reality，AR）在實體空間贈送禮物，讓人們再次與世界互動。我們以「神經設計」（NeuroDesign）這種新方式與民眾互動，集合擅長說故事與知道大腦渴望聽見哪種故事的高手。我們成立鼓勵勇氣、熱情與創意的教育平台，不傳授孩子科學知識，而是讓孩子自己成為科學家，最後培養出全球最年輕的論文發表科學家（以及最年輕的 TED 講者）。本書提到的許多觀念源自「怪奇實驗室」的實體空間與概念體驗，經過原型測試後，最終在這裡呈現給各位。換句話說，本書是「怪奇實驗室」集合的怪咖、各界參與者彼此之間的互動，更重要的是，我們還和實驗室之外的古今奇人異士交流，最後彙整成這本書。

既然提到互動，此處先透露接下來會談到的關鍵主題：感知並非在大腦中獨立運作，而是在**生態**（ecology）中一個持續性過程的環節。所謂的「生態」，指的是一樣東西與周遭事物之間的關係，以及事物與事物之間如何相互影響。要理解「漩渦」，不僅是了解水分子，而是要了解水分子之間的互動。要理解「生而為人」的含意，要了解自己的大腦與身體如何互動、別人跟他們的大腦與身體如何互動，以及我們與整體世界的互動。因此，生命要從生態的角度進行研究，而不只是環境而已。生活與我們感知到的事物，存在於我所說的「之間的空間」（the space between）。我的實驗室，以及我所有的感知研究，均取材自此一與生俱來的交互關係，也就是生物與生命本身的所在地。

我接下來要做的事是從頭來過，把我的實驗室化為一本書，藉由不同的視野，讓各位閱讀一本有趣的怪奇書。這種做法具有風險，不只對我來講如此，對各位來說也一樣，因為我們將質疑基本假設，例如我們看到的「現實」是否真的為「現實」。要踏進這樣的不確定性並不容易，也不簡單，因為大腦有懼怕不確定性的正當理由，改變固有的反射動作將碰上未知的結果。從演化的角度來看，「未知」並非好事。我們的祖先如果不確定面前的深色東西究竟是影子或掠食者，而停下腳步，那就慘了，他有被吃掉的風險，也因此我們演化成習慣做預測。為什麼恐怖電影的場景都是黑鴉鴉一片？試想同一片熟悉的樹林，你晚上或白天走進去分別會湧現不同的感受。夜晚，你看不清身旁的東西，不確定性讓人恐懼，很像是人生持續帶給我們的「第一次」——第一天上學、第一次約會、第一次演講。我們不曉得接下

「不確定性」是演化過程中，大腦被設定要解決的「問題」。

來會發生什麼事，情境刺激身心起反應。

「不確定性」是演化過程中，大腦被設定要解決的「問題」。

努力去除不確定性是生物的共通法則，也因此是演化、發展與學習的先天任務。這是好事。各位靠經驗得知生活原本就具備不確定性，因為這個世界，以及當中的事物，永遠在變化。不確定性，將會是生活中各領域愈來愈迫切的議題，因為隨著我們和社會制度的連結性愈強，我們愈來愈彼此依賴。當愈來愈多人相互連結，蝴蝶在世上另一頭振翅所帶來的效應，將更快、更明顯地讓各地都感受得到，加快改變的步調（此現象是非線性複雜系統的核心主題）。連結程度增加的世界，是一個更難預測的世界，也因此現今的社會從「愛」到「領導力」等主題皆面臨了各式挑戰。許多今日最熱門的工作，像是社群媒體專家或網頁設計師，二十年前都不存在。成功的公司、活躍的人際關係、安全無虞的環境，今日存在的這些事物不保證明天依然存在。在一個互相連結、千變萬化的世界，我們永遠無法當個「不沾鍋」，總是會有措手不及的事件發生，無法預測，像是天氣驟然轉壞毀掉週六下午的倫敦烤肉行程，或倫敦突然發現自己脫歐。這就是為何大腦演化成竭力把不確定性變成確定——大腦每一天每一秒都在這麼做。我們多數的社會文化習慣與反射動作，包括宗教、政治，甚至是憎恨與種族歧視，背後的生物動力都是為了減少不確定性，手法包括強制規定和制式環境，或是徒勞無功地想與世界切斷連結，但世界本身就是依賴連結與動態而存在。這些天生的反射動作，設定來使我們無法更有創意、更有愛心、更齊心合作、更勇於嘗試。人類為了製造這樣的確定性，喪失了……自由。

我在二〇一四年的火人祭（Burning Man）上，碰上一個永生難忘的經歷，好吧，其實是好幾個，但礙於篇幅，此處僅分享當中一則。那是一個簡單卻又十分深刻的例子，讓人見識到改變視野可以如何徹底改變一個人的大腦。許多人知道，火人祭是美國為期一週的慶典，每年八月在內華達沙漠舉行，聚集藝術、音樂、舞蹈、劇場、建築、科技於一堂，有近七萬的人參與。四處有人變裝，甚至乾脆裸體（但通常會畫上身體彩繪）。那是一場規模大如城市的馬戲團，當中的人們自由揮灑創意，各位可以想像成一艘靠輪子航行的巨大海盜船，在沙漠上大搖大擺駛過，接著在七天後消失無蹤，不留痕跡——不影響生態環境是火人祭的基本精神。

那週一個風大的日子，我和太太伊莎貝爾騎自行車四處探索這座火人祭「城市」。狂風捲起沙塵暴，我們滿臉是沙，護目鏡霧茫茫的一片，最後停留在一個營地，遇上一群美國中西部南端的鎮民，認識了一個叫戴夫（Dave）的人。那年是戴夫頭一次參加火人祭，他說這次經歷改變了自己。聽他那樣講，我心中翻了一個白眼，說自己因火人祭而「轉變」不只是老掉牙，更是陳腔濫調。如果你沒有在火人祭上**脫胎換骨**，就好像是個失敗者。但

「改變」究竟所指為何？答案是沒人知道，因為每一個人的轉變都不同，這也是為何很多參與火人祭的人，一整週都癡迷地尋求轉變的跡象，到處問人：「你轉變了沒？」

我們和戴夫多聊了一會兒後，發現他對於自我與他人的觀點，的確正在歷經深層的轉變。戴夫是一名電腦工程師，來自一個深信基本教義派價值觀的地方，對於符合社會規範的定義有著狹隘看法。在戴夫居住的小鎮，你不學著融入，就會被排擠。戴夫選擇了融入……從他穿到火人祭的制式休閒西裝就看得出來。選擇融入顯然減少了生活、好奇心、想像力可以帶來的豐富可能性。儘管如此，戴夫依舊參加了火人祭！重點是他做了**前往火人祭的決定**，這是他的決定——他做了自己想做的事。他前往火人祭，而且是帶著質疑自己觀點的態度前去。

我們站在戴夫的營地，他告訴我們他插在耳後的那朵綠色塑膠小花（那大概是火人祭上最不顯眼的裝飾），讓他在心中天人交戰許久。那天早上，他在帳篷裡坐了整整兩小時，想著究竟要不要戴上那朵花。那朵花迫使他面對心中交錯的成見——有關自由表達、男子氣概、美感、社會制約的諸多前提假設。戴夫最後允許自己質疑一朵塑膠花象徵的假設，戴著花踏出帳篷，他似乎既高興又感到不自在。在我眼中，他比那天在內華達沙漠追尋強大事物的多數人，都還要勇敢。

我是神經科學家，知道戴夫的大腦已經轉變。只要他願意質疑自己的假設，原本無法進入他腦中的點子與行為如今可以被接納，開始擴展全新的未知奇妙領域。我生而為人，我為此感動。

轉變就是如此：改變方向，**朝**自我前進。既簡單又複雜。

不主動質疑，就不會發生有趣的事。但我們的文化普遍認為存疑並非好事，令人聯想到優柔寡斷、缺乏自信，心存懷疑被視為一種弱點。但我的觀點正好相反，在許多情境下如果能和戴夫一樣，「心中存疑，但依舊以謙遜態度嘗試」，或許就是世上最英勇的舉動。抱持著勇氣去質疑，大腦就會以這個過程帶來的新視野獎勵你。要有能力質疑自己的假設，尤其是定義自己是誰的假設，首先就要認清自己並未看見真正的「現實」──我們看見的是心智製造的版本。我們必須承認這點，還得接受別人可能比我們懂的事實。在本書為各位打造的「腦筋急轉彎紙上實驗室」裡，「無知」是一件好事。「腦筋急轉彎」（deviant）是本書英文書名 deviate（動詞）的形容詞，帶有諸多負面意涵（離經叛道、不正常、偏離正軌），但 deviate 的字義其實是不採取既有路線。政治人物會強調政策的路線不變，但我們的文化把不從眾的人奉為偶像，例如黑人民權鬥士羅莎・帕克斯（Rosa Parks）、作家王爾德（Oscar Wilde）、詩人威廉・布萊克（William Blake）。我們仰慕與感謝他們踏上披荊斬棘的道路──儘管我們通常是事後諸葛，鮮少在當下就明白離經叛道者的價值（布萊克和其他許多偉大藝術家一樣，作品的真正價值在他去世多年後才受人重視）。好萊塢超級英雄電影的公式設定大多是主角異於常人，各位見過平凡無奇的英雄嗎？

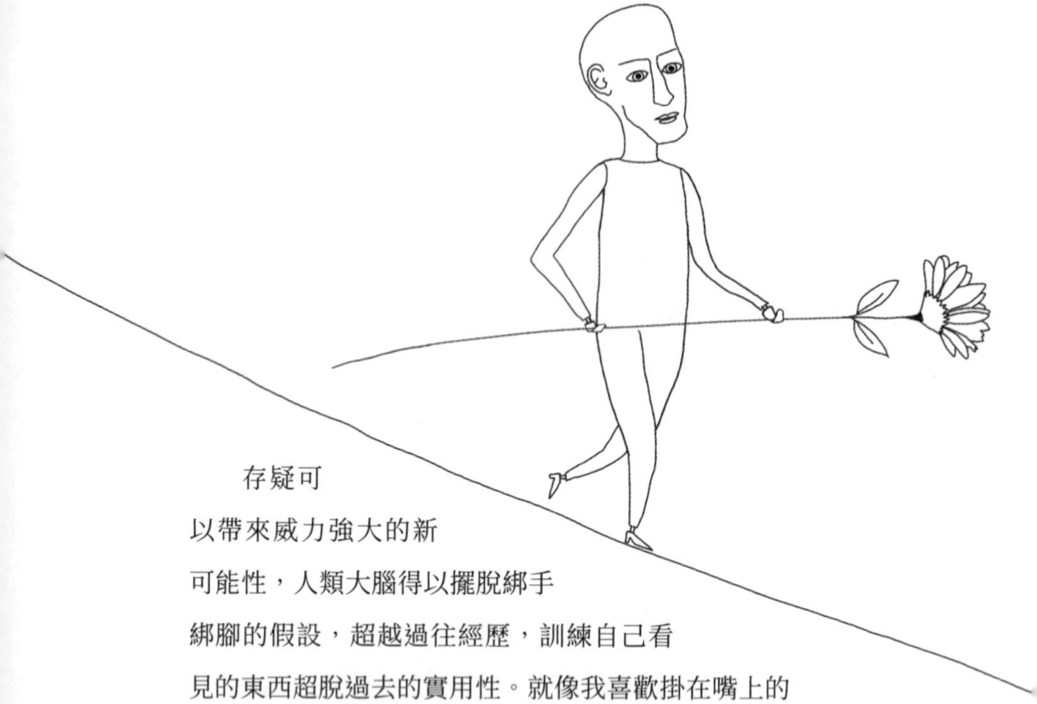

存疑可
以帶來威力強大的新
可能性，人類大腦得以擺脫綁手
綁腳的假設，超越過往經歷，訓練自己看
見的東西超脫過去的實用性。就像我喜歡掛在嘴上的
一句話：「關鍵就藏在問題中。」

來點幻覺

本書的懷疑之旅，**將從實體層面改變各位的大腦**。我不是在胡亂吹牛，背後有事實依據。從各位的思維模式到情緒的神經元，都能證明光是「閱讀」這個簡單的動作就能改變大腦。二十五年的研究讓我得出一個鐵證如山的結論：人類的大腦之所以美妙，就妙在大腦是**幻覺的產生器**（delusional）。

我所謂的「幻覺」不是精神錯亂，而是指大腦有想像可能性的能力，以及此類能力如何與行為頻繁互動。每個人都有辦法在同一時間在大腦中想著**互斥**的現實，並在想像中把它們「活過」一遍。

人類的感知層層疊疊，萬分複雜，大腦不斷在回應一種刺激（stimuli），一種在所有定義上都非實際具體存在、但依舊十分重要的刺激：我們的思緒。我們是奇妙的幻覺動物，因為**內在**情境的影響力和外在情境一樣大。這一點可以從神經層面獲得證實：fMRI（functional magnetic resonance imaging，功能性磁振造影：透過血流追蹤大腦活動的技術）顯示，想像的情境和現實生活的情境，都可以讓大腦區域以相同方式亮起。換句話說，想法、念頭、概念在我們腦中活著，構成我們的歷史，直接影響著我們當下與未來的行為（對未來的影響可能更重要），也因此我們雖然經常缺乏自覺或不願意承認，感知其實具備很大的可塑性，很容易受影響，例如股市在晴天通常會漲，壞天氣則會跌。我們的決定看似理性，但其實深受「無形的」感知力量引導，我們卻渾然不覺。

另一個例子是二〇一四年「怪奇實驗室」舉辦了第一場派對／實驗，我們把初試啼聲的計畫稱為〈那個實驗〉（The Experiment）。此一計畫功能多多，其中一項是把科學研究帶離實驗室的人為情境，進入真實的生活情境，以提升科學研究的品質。我們安排的情境是一個貨真價實的社交場合，人們在具備劇場情境的古老地窖裡吃吃喝喝，和陌生人聊天。我們刻意讓參與者分不清那究竟是科學活動場地、夜店或是互動式劇場／夜總會，為他們提供一場難忘的體驗，只不過參加的來賓正好也是這場「體驗實驗」的受試者。〈那個實驗〉的目的是透過「實證體現」（empirical embodiment）來發現、挑戰、提醒何謂生而為人。其中一項體驗想測試，人們是否會依據心中的權力感，將自己分組。

在參與者吃飽喝足、處於放鬆狀態後，他們被要求做一個簡短的寫作練習，促使他們處於某種感知狀態。每個人依據實驗要求他們回想的記憶，被觸發進入「低權力狀態」、「高權力狀態」、「中立權力狀態」。換句話說，回憶促使人在無意間認為自己擁有掌控權／無掌控權。接下來，我們請參與者走進一個大型同心圓，地點是東倫敦某座維多利亞時期監獄的地下空間。地下室的兩頭分別有一盞燈，我們請參與者各選一盞燈站在下方，讓他們把自己分成兩群——我們只告訴參與者，請站在「感覺像自己的人」身旁。

最後的結果除了讓賓客大吃一驚，也讓我們科學家嚇了一跳。在不知道誰被觸發成什麼狀態的情況下，**參與者以三分之二的準確率，依據各自的權力狀態進行分組**。也就是說，在地下室的兩個角落，分別有遠遠超過一半的人和「同類」站在一起。這個實驗結果驚人的原因有兩點：一、結果顯示光是參與者怎麼想自己，就足以強烈影響他們的行為；換句話說，他們的想像改變了他們的感知反應。二、參與者不知怎麼地可以感知到其他人被想像觸發的感知。這個例子充分說明幻覺除了影響我們自身的行為，還影響我們彼此互動的生態。接下來的章節將帶領讀者了解，如何利用大腦的幻覺本質來增強感知。

我希望替各位的大腦帶來一層新鮮意義，這層意義和影響過你的感知（與人生）的所有事物一樣真實。本書的呈現方式體現了我將傳授給各位的做法，從第一頁到最後一頁都經過特別編排，目的是讓各位以不同方式觀看世界，在心中體驗創意帶來的感受與樣貌。各位可以把本書想成感知的應用軟體。讀完後，你可以在其他情境下再次使用這個軟體。或許最棒的地方，在於各位不需要學習新知識也能辦到。

想開飛機，首先必須接受機師訓練，專精許多技巧，大量練習。但要轉換至新感知，各位已經擁有基本知識，不必先學習觀看與感知。觀看與感知是定義「你是誰」的基本元素，甚至是唯一要素。從這個角度來看，各位已經擁有本書主題的第一手相關經驗。此外，感知過程和改變感知的過程是一樣的。也就是說，各位是自己的飛機駕駛（情境是你的大生態），我的任務是利用大腦科學教各位新的駕駛方式，用新方法審視你以為已經看透的事物。

我採取的方法，就是把我的感知知識應用在**各位的閱讀體驗**上。舉例來說，大腦碰到「不同」的事物（也就是對比）會動起來，原因是大腦僅能藉由「比較事物」來建立關係。這是建立感知的關鍵步驟，也因此各位將在書中看見稀奇古怪的設計元素，例如大小不一的字體，偶爾還出現令人困惑的圖像。此外，書中有需要各位一起參與的練習、測驗與實驗（保證不無聊；其中一項是請各位保持眼睛睜開，暫時「失明」一下）。我動筆寫這本書，目標是挑戰人們對於科普書的假設——這是我擁抱不確定性的方式。還有什麼比一本講大腦與創新、讓大腦領航的書，更適合做這件事？此外，本書還有很多不同於一般書的地方。

我認為一旦把某件事告訴一個人，就可能使對方無法獲得深層的意義。資訊經過理解才是真正的知識：我們必須在這個世界採取行動，才有可能理解世界。這就是為什麼本書不會提供步驟，這不是一本主題式的步驟指南，我提供的是不只能用在單一情境的原則。能照著一份食譜做出一頓美食，不代表你是優秀廚師，只代表你擅長遵照優秀廚師的指示。成功一次，不代表你已經擁有**自創**美食的智慧，因為你不知道一份好食譜的原理。**了解**為什麼一份食譜是好食譜（與做法），才是成為大廚的關鍵。

本書目標是讓各位察覺新事物，革新各位的想法，帶來改變的自由。本書前半部將探索感知本身的機制，使各位重新思考自己看到的「現實」，協助各位知道的比目前自認的少。沒錯：這就是我的目標，我要讓各位整體而言知道的**更少**，但理解的更多。本書第二部分會讓這樣的理解發揮作用，提供轉換角度體驗生活的方法與技巧。

我最大最大的目標，是各位讀完本書後可以擁抱存疑帶來的感知力量。本書讚揚懷疑的勇氣，也讚揚理解自己大腦後帶來的謙遜。書中深究我們為何看見自己所見，探討為何無法觸及現實反而使我們理解更多。以上都是在換句話說，解釋我為什麼寫下這本書：讓各位能當個特立獨行、充滿創意的怪咖。

Being in

第一章

色彩的世界

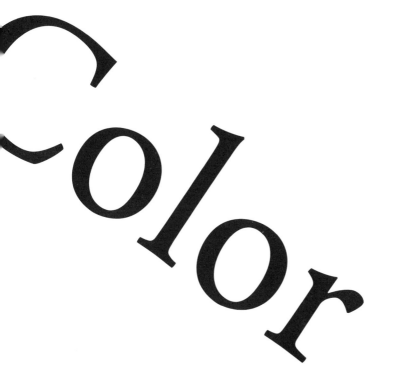

Color

*

各位今天早上醒來第一次睜開眼睛，是否精確地看見這個世界，看清世界真正的樣貌？沒有嗎？我再換個方式問：你相信世上有「錯覺」（illusion）嗎？多數人都相信。如果相信，就代表你相信大腦的演化使人類能精確地看見這個世界（至少多數時候如此），因為「錯覺」的定義是覺得世界不同於真實的世界。然而，我們平日其實並未精確地看見這個世界。為什麼？複雜大腦（更精確來講，是大腦與周遭世界的複雜互動）裡發生什麼事，為什麼會如此？在回答這個問題之前，我們必須先回答各位已經在抗議的事：老兄，你說的話跟我的經驗不一樣，「眼見為憑」，我們沒看到現實的證據？如何能斷定自己看不見現實？下文將從這個問題的答案出發，顛覆大家對於感知的假設。

二〇一四年二月，Tumblr 社群平台上的一張照片引發沸沸揚揚的討論，在全球瘋傳，無意間引發大眾對「感知主觀性」的興趣。「我們究竟看到什麼」這個問題，在推特（Twitter）等社群媒體、電視、以及在未公開表達訝異的民眾心中，帶來成千上萬更多的問題。各位不一定看過那張照片，如果看過，一定對那個喧騰一時的事件記憶猶新，照片上的洋裝，引發如海嘯般擴散的討論。

一切始於在蘇格蘭舉辦的一場婚禮。新娘的母親把自己準備在婚禮上穿的洋裝，拍了張照片寄給女兒：那是一件款式簡單的禮服，藍色布料為底，上頭是黑色橫條紋蕾絲的裝飾。然而，照片從感知層面來講可不簡單。新娘和新郎意見不同，無法判定那究竟是一件有著金條紋的白洋裝，還是有著黑條紋的藍洋裝。這對新人覺得納悶，怎麼兩個人看見的東西不一樣，於是把照片傳給親朋好友要大家評評理。負責婚禮表演的音樂家朋友凱特琳·麥克尼爾（Caitlin McNeill）也收到了，還因為和樂團朋友起了爭執，差點誤了上台時間（團員和新人一樣，看見的洋裝顏色不一樣）。*婚禮過後，麥克尼爾把那張略顯模糊的照片，放在自己的 Tumblr 並加上文字說明：「大家幫個忙，請告訴我這件洋裝是白色和金色，還是藍色和黑色？我和朋友看到的不一樣，我們嚇壞了。」麥克尼爾放出照片不久後，那則貼文達到病毒式傳播的關鍵多數觸及人數，「網路因為那張照片癱瘓了」。

接下來一星期，「這件洋裝究竟是什麼顏色」成為瘋傳的話題，爆紅現象和主角（一張簡單的衣服照片）本身都成為津津樂道的話題。名人爭相在推特上轉貼，爭論衣服究竟是什麼顏

*　上網搜尋 The Dress That Broke the Internet 即可看到相關圖片。

色。reddit 網路論壇出現大量以這張照片為主題的討論串，新聞媒體也報導了這件事。平日研究色彩的學者，突然間人人搶著訪問，似乎每個人都想知道為什麼自己看到的顏色和別人不一樣。就連通常只報導嚴肅新聞的《華盛頓郵報》（*Washington Post*）都出現聳動標題：「讓世界分裂的『白、藍洋裝』精彩內幕」（The Inside Story of the "White Dress, Blue Dress" Drama That Divided a Planet）。不過，儘管人們激烈討論，大眾也因此展開了一場重要的科學對話——更明確來講，是有關於「**感知神經科學**」的討論。

從好幾個層面來看，洋裝事件都是個相當值得探討的現象，不過最深層的意涵是「意義」和大腦的實體網絡很像，具備可塑性，我們藉由感知體驗，不斷塑造與重塑意義。後面章節也會提到，了解意義具備可塑性，將是「重新打造」過往感知的關鍵，可以釋放腦細胞中出乎意料的想法與點子。洋裝現象充分說明了「意義如何能製造意義」（全球新聞媒體開始報導某件事的主因，其實是既然別人**都在報**，顯然它具有意義，結果正好賦予了它意義），而這點正是感知的基本特質。不過出我意料的是，人們感興趣的不是錯覺本身，因為我們已經習以為常（雖然我們通常只把錯覺當成「小把戲」）。人們之所以關注這件事，似乎是因為每個人看到的東西不同。但每個人對事情抱持不一樣的觀點，早已是司空見慣，這次的洋裝事件有何不同？哪裡不同？答案和一件事有關：這次爭論的主題是顏色。

我們接受每個人會有不同觀點，但當我們的朋友、親人，以及我們認為對於現實有正確理解的人，對於顏色這麼基本的事居然看法不一樣，這帶來了一個雖然只持續一陣子的絕妙時刻，引發一個深刻、幾乎沒人意識到的人類本質問題：我們如何觀看身邊的世界。人們開始質疑意識、自我、存在等最基本的事物。在一片「#洋裝」（#TheDress）的熱潮之中，演員兼作家敏迪・卡靈（Mindy Kaling）在二月二十五日那天，在推特上寫了一段話（她發表了多篇對此事深感興趣的推特文）：「我認為我對洋裝事件感到憤怒的原因，在於它打擊了我對客觀事實的信念。」

對許多人來講，這正是洋裝事件帶來的最大「感知」與「自我」難題：世上有客觀的「真相」或現實，**但大腦沒提供我們接觸的管道**。我們透過洋裝照片，訝異地「看見」我們高度主觀的現實有裂縫——我們心煩意亂，或至少有點嚇了一跳。不過，後文很快就會介紹藉由理解感知來提升創意的關鍵，正好就是一腳踩進這樣的不確定性。不確定使我們膽怯，我們有點害怕，但同時也感到**興奮**，一股電流通過全身。

以我個人而言，我比所有人都興奮，因為我得以即時觀察數百萬民眾，看著大家朝理解感知的原理跨出很大一步。不過，也有人不以為然：「**OK，我的感知這次沒看到現實，但大部分時間都看得到啊。**」

我很想大喊：「才怪！你永永遠遠都看不到現實！」很可

惜，這個基本概念不曾成為洋裝「事件」的討論主軸，不過科學界有夥伴抓住這次機會，趁社會大眾對這個平時看似難解又繁瑣的主題感興趣，設法讓更多人一起了解，例如二〇一五年五月時，《當代生物學》（*Current Biology*）期刊一次刊出三篇與此次洋裝事件相關的研究。其中一篇發現由於洋裝顏色的分布與「自然日光」有關，大腦難以分辨反光表面的不同光源（下一章會進一步解釋）。另一篇研究發現大腦如何處理「藍」這個顏色：物體的「偏藍程度不一」時，在人眼中呈現白色或灰色的機率會變大。最後一項實驗調查了一四〇一位民眾，其中五七%的受訪者看見藍色／黑色洋裝，年長者與女性比較容易看見白色／金色。此外，看第二次的時候，有些受訪者從原本看見白色／金色，變成看見藍色／黑色，或是反過來。簡而言之，那張四處瘋傳的洋裝照片是理想的實驗品，相當適合拿來進一步研究視覺感知。

儘管如此，以上研究都未能解答究竟為什麼人們看見不一樣的洋裝。

「#洋裝」除了涉及感知原理，也涉及為什麼感知原理對我們來說很重要。洋裝事件突顯了大腦極度違反直覺的本質：如果我們可以看到世界真正的樣子，那麼一樣的東西看起來應該都一樣。同理，不一樣的東西看起來就應該不一樣——永遠都是如此，人人都一樣。這種說法似乎合情合理又正確，我們可以安心把事情交給感知（我們是這樣以為的），畢竟視覺大腦執行的任務中，看見不同光線強度是最簡單的任務，簡單到就連某些水母都辦得到，而水母甚至沒有大腦。

然而，儘管我們醒著的每一分每一秒都在感知光線，感知光線並不如表面上簡單。端看大腦居然需要動用數十億細胞，還得倚靠細胞相互連結作用才能辦到，就知道有多費事。我們在世上移動，依賴這個感知能力做出直覺決定，但洋裝事件卻顯示，即便我們**感知**到光線，也不一定就能**看見**真實的光線。

接下來的第一組圖，每一個圓圈是不同的灰色。我們很容易就能觀察它們深淺不一。不一樣的東西應該要看起來不一樣，的確如此。

第二組圖中，我們看到兩個色調一樣的灰色圓圈。

接下來請看第三組圖。左邊暗框內的灰色內圓，顏色看起來比右邊白框內的灰色內圓淺，兩個內圓看起來是深淺度明顯不同的灰色。

其實不然，兩個內圓的灰是一模一樣的灰。

「圖中兩個圓的顏色一樣」是客觀現實——從根本上不同於我們的感知現實。本書的每一位讀者感知到的三組圖像都會和各位一樣，統統不同於印刷在書頁上的物質實相（physical reality）。此外，不只是相較於被淺色包圍，被深色包圍會讓物體看起來接近淺色，也可能出現倒過來的現象：如同第四組圖所示，被淺色包圍，看起來顏色更淺；被深色包圍，看起來顏色更深。圖中看起來像是圓圈被四個正方形遮住的中間區域，因為以上原因看起來明亮度不同。

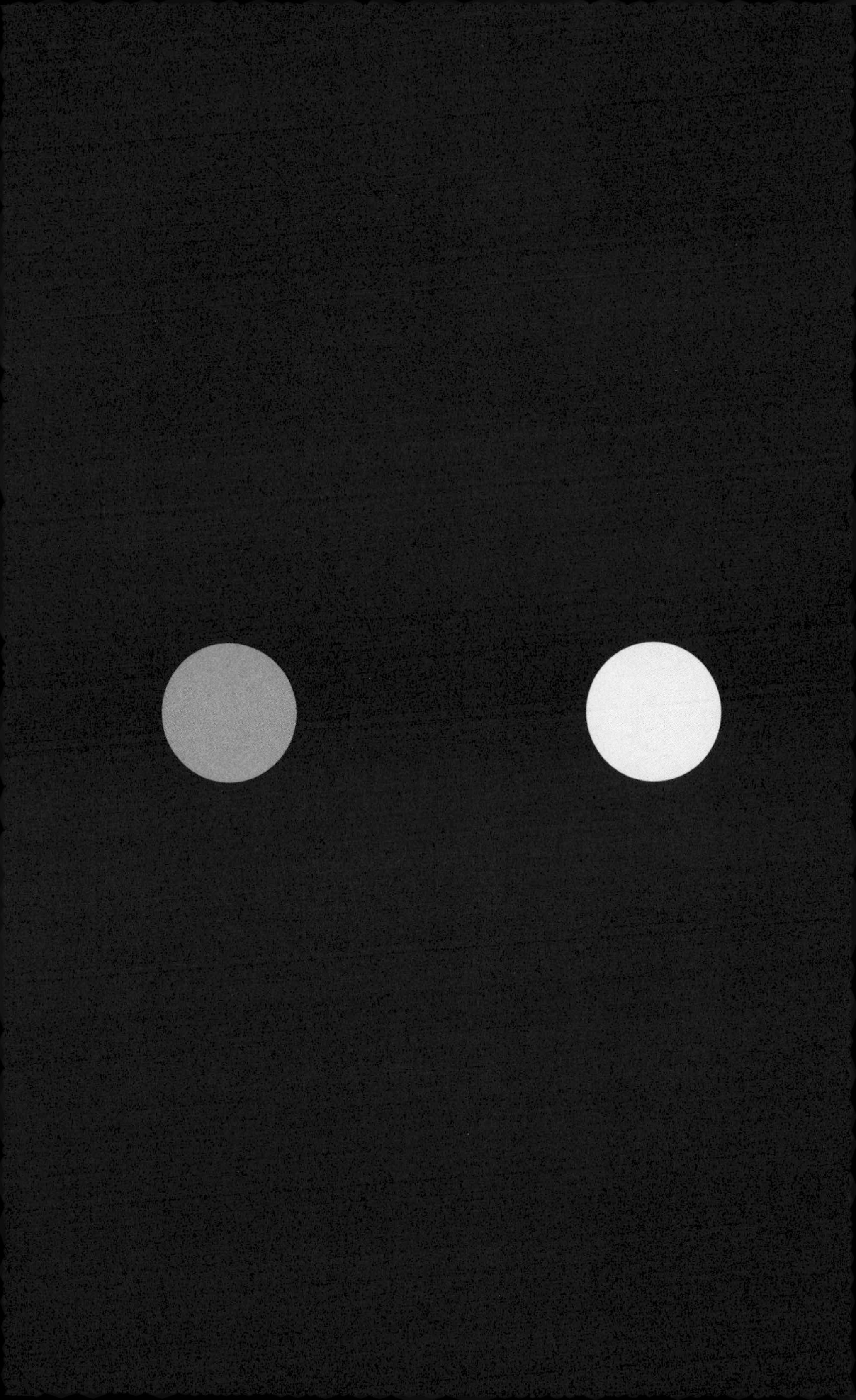

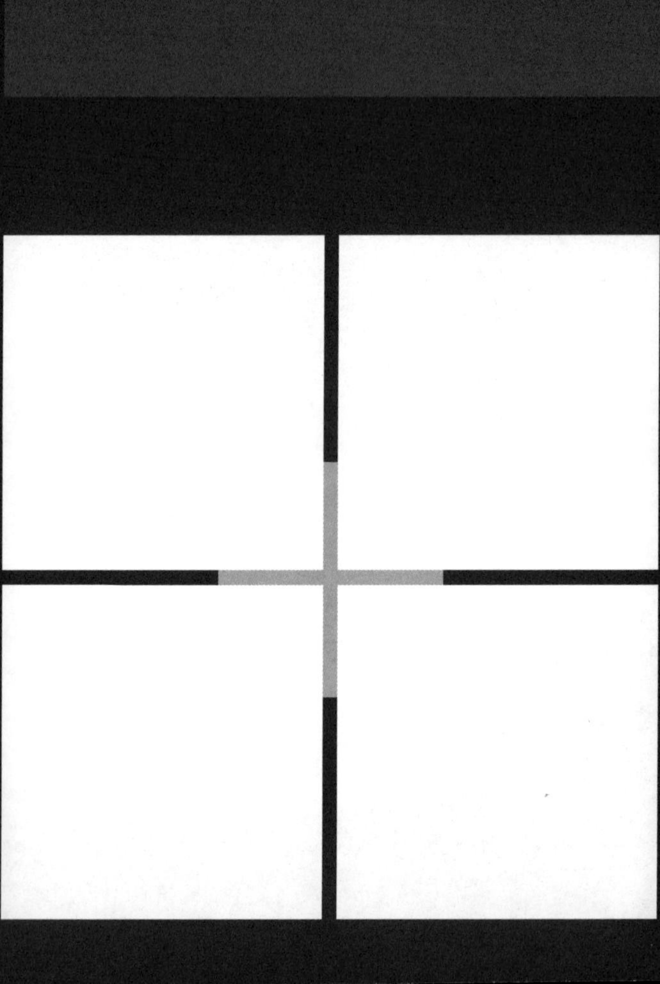

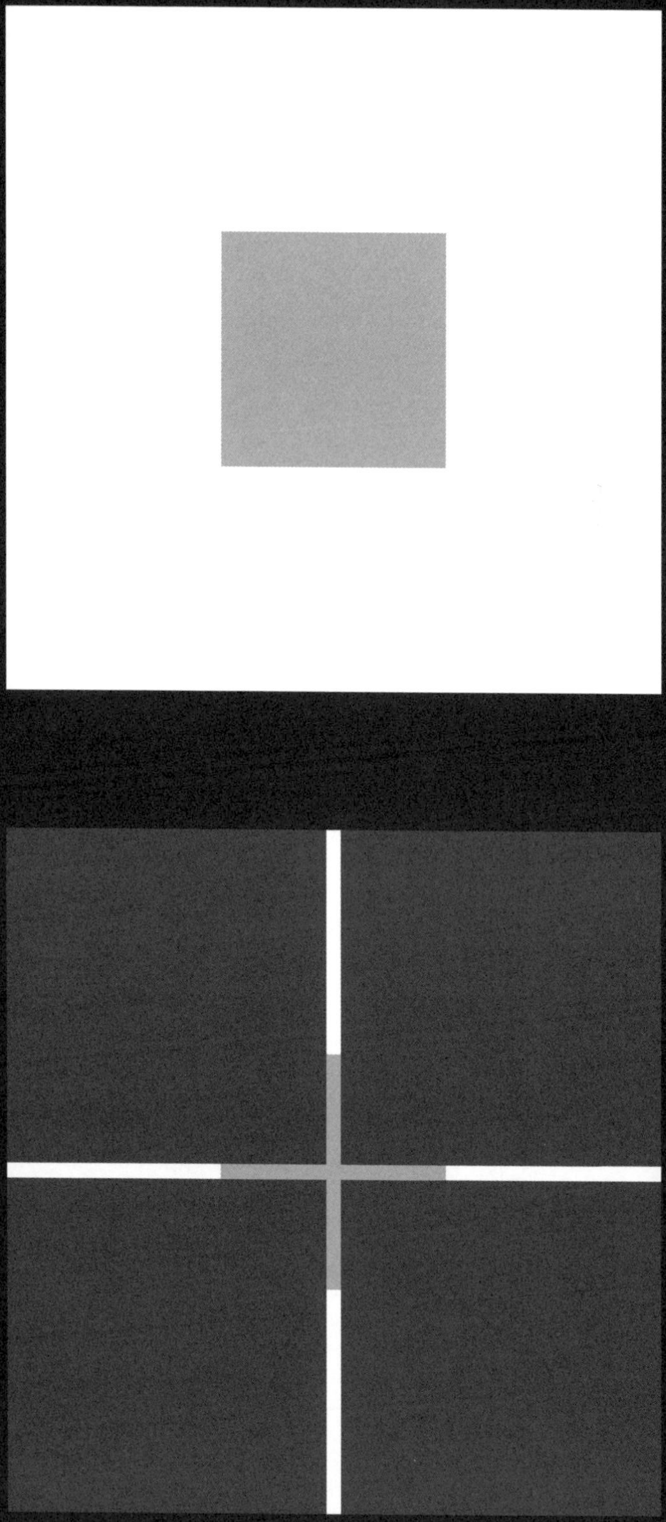

然而，這幾張圖最重要的啟示，不曾在熱門的洋裝現象討論中出現：視覺發生的事，在**我們五感中的每一感其實也一樣**。人們發現自己看到的東西具有主觀性，然而他們的「現實」的其他每一個面向也一樣：聽覺、觸覺、味覺、嗅覺也都會出現錯覺。

以觸覺來講，感知與現實之間的「差距」，有一個非常有名的例子，叫「橡膠手錯覺」（Rubber-Hand Illusion）。這個「戲法」的玩法是請一個人坐在桌前，一隻手放在面前，另一隻手放在用隔板擋住、自己看不到的地方。接下來，把一隻假手擺在那個人面前，取代看不見的手。這下子，眼前看起來，或多或少像是自己的兩隻手都擺在面前的桌上，只不過其中一隻是假的（玩的人當然知道是假的）。接下來，「實驗人員」在同一時間，輕輕刷過藏起的真手手指，也刷過看得見的假手。玩的人立刻開始把假手當成自己的手，感受到搔癢的感覺，不是發生在藏起的隔板之外，而是發生在他們突然感受到連結的假手上。由於感知作用的緣故，假手變成真手！

「橡膠手錯覺」被稱為「**身體移轉**」（body transfer）**現象**，我們的大腦處理現實的方法……不是直接給我們現實……因此也帶來有點詭異的感官「混淆」，例如研究人員證實，我們有可能聽見「幻覺字詞」（phantom words）：聆聽無意義的聲音時，大腦會自覺很像是聽見有意義的話，但其實是空穴來風。此外，還有所謂的「理髮店錯覺」（Barber's Shop Illusion）。播放剪刀剪東西的音檔時，受試者會因為音量轉大或轉小，覺得聲音忽近忽遠，但其實聲源完全沒改變位置。各位還可以想想另一種常見的經驗：當我們坐在靜止的車輛或飛機上，一旁的車輛或飛機開始移動，起初我們會誤以為是自己搭乘的交通工具在移動。類似的

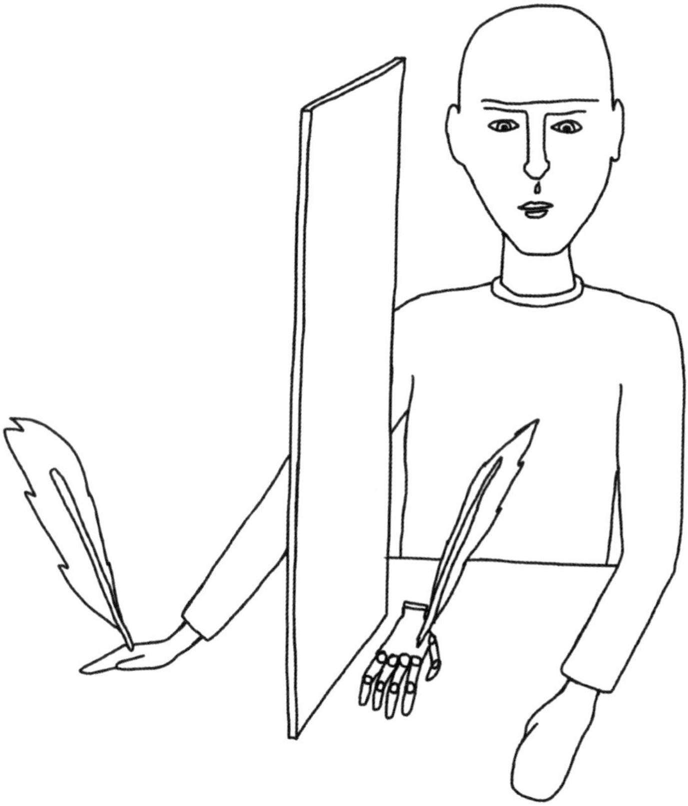

現象還有很多很多。

歷史上，十八世紀的大文人歌德（Johann Wolfgang von Goethe）率先發現視覺感知「有點古怪」。歌德今日被奉為現代德國文學之父，然而在他的年代，他其實以興趣廣泛出名（雖然有時名聲欠佳，各位看下去就知道），每個領域都沾一點邊，有時把精力用在研究骨骼學，有時又研究植物學。文學是歌德的最愛，不過他最重要的人格特質是充滿熱情，人們常說他放蕩不羈，年輕時朋友說他像是「狼」或「熊」（歌德在萊比錫念大學時，土包子的法蘭克福穿衣風格也惹得同學發笑），他後來成功收斂不修邊幅的性格，進而散發受上流社會歡迎的魅力，二十多歲時在文壇聲名鵲起。沒多久，卡爾．奧古斯特公爵（Duke Karl August）就任命他擔任戰爭部部長等數個公職。歌德勇往直前，追求新的知識體驗，有時甚至到了不顧一切的地步。傳記作者指出，在一七八〇年代晚期，歌德的「多才多藝」（manysidedness）使他一頭鑽進光線與色彩的研究。

歌德先是在義大利度過愉快的兩年，在當地結識德國畫家約翰．亨利希．威爾罕．帝斯拜因（Johann Heinrich Wilhelm Tischbein），探索自己的美術天分，最終接受自己不是那塊料，但回到德國時，再度對藝術家試圖捕捉的大自然世界感興趣。歌德未出版的論文寫道：「大自然在世人面前藏起自己的魅力。凡是熟悉這一點的人，絕不會訝異我放棄了目前為止一直侷限著我的人類觀察領域。」「我不怕受人指責性格不定，才深受大自然吸引，不再從事沉思與人心的描寫。研究大自然可以緊密連結起萬事萬物，愛求知的心靈，不願被排除於任何有助於求知的領域。」

此一宣言留下史上最傳奇的文學大師勇闖科學殿堂的例子。接下來發生的事眾說紛紜，有人認為這是純文學作者無意間誤解了科學的領域，詩人運氣不佳走錯了路，但依舊有其價值。也有人認為，歌德的故事在講的是一個堅持己見的頑固分子，強行進入不屬於自己的領域。真相介於這兩種說法之間，都對，也都錯。歌德狂熱的性格不適合科學冷冰冰的實事求是，但他的作家視野的確在他勇闖科學領域、揭露大自然的奧祕時，扮演著關鍵角色，雖然他的發現並不正確。

歌德因為對光學感興趣，借來一塊稜鏡，測試牛頓將白光折射成彩色光的跨時代發現（如果換作今日，牛頓大概可以憑此研究榮獲諾貝爾獎）。然而，歌德並未完整理解背後的理論，採行了錯誤的實驗步驟。他原本以為可以在自己家中看見七彩顏色，結果什麼都沒折射出來，牆壁依舊空白一片，歌德於是把自己愈來愈堅信的結論投射在那面牆上：「牛頓的理論是錯的！」

歌德走火入魔地認定當時的科學對於光的理解有誤，拋下自己的外交職務，專心研究物理學。同時代的科學家嘲笑歌德，但文人與貴族替他加油打氣，堅信這位詩人最終能憑著野狼精神推翻牛頓的發現。哥達公爵（Duke of Gotha）送歌德一間實驗室，某位大公也從海外寄來更新、更好的稜鏡，接著在一七九二年，歌德在做研究時發現白光可以製造出**帶有彩虹色調的光影**，而且彩色光會依據自己穿透的「**不透明**」（opaque）或半透明媒介改變色調。黃光穿過不透明媒介後可能轉紅，最後變成深紅色。此一發現似乎也推翻了牛頓用來解釋光的物理定律，進一步讓歌德誤解牛頓用來闡釋現實世界的理論。歌德因此縮小研究範圍，專心解決此一問題，針對色彩與感知，陷入長達二十年的執著追尋。

歌德憑著寫下年輕人單相思而心煩意亂的《少年維特的煩惱》（*The Sorrows of Young Werther*）等文學作品，證明自己是深刻洞察人心的詩人，無怪乎他在研究色彩的初期，未能成功踏出自己的感知洞穴，看清不一致的狀況其實存在於洞穴裡頭，而不是外頭。歌德和多數人一樣，認為自己看到的一定是現實，畢竟他聰明的心智讓他在寫作時「看透」人情世事，更別提要再經過一百多年，感知才會從一個概念正式成為科學的研究主題。不過，歌德很快就不再認為表面上不一樣的色調，源自某種尚待科學來解釋的物理特質，逐漸明白某些光影的彩色外觀是源自人類感知與周遭環境的互動——這不是世界的奧祕，而是心智的奧祕。然而，歌德對於這怪異現象**背後的**原理究竟是怎麼一回事，只能在自己腦中做徒勞無功的推測，一絲不苟地記錄自己觀察到的每一個光線現象。

歌德耗費大量心力研究色彩，於一八一〇年出版大部頭的研究報告《顏色論》（*Zur Farbenlehre*）。書中的「科學」部分今日早已被揚棄，尤其是對牛頓的攻擊，但歌德的分類方式引發熱烈的哲學討論，奧地利哲學家維根斯坦（Ludwig Wittgenstein）因而寫下《顏色評論》（*Remarks on Color*），德國哲學家叔本華（Arthur Schopenhauer）也寫出《論視覺與顏色》（*On Vision and Colors*）一書。不論如何，歌德鉅細靡遺的色彩描述，就如同他的所有作品一樣，今日讀來依舊詩意盎然：「這些顏色如同吹在鋼板上的熱氣。每一個顏色似乎在下一個顏色來臨前起飛，不過事實上，每一個接續的色調都是不斷源自前一個色調。」歌德感受到的無限驚奇，是我們今日依舊可以學習的寶貴特質。此外，歌德一生對於色彩的執著，或許正是他的曠世巨作《浮士德》（*Faust*）中的名句起源。魔鬼的化身梅菲斯托費勒斯（Mephistopheles）告訴輕易受到引誘而墮落的學者：「我的年輕朋友，灰色只不過是一種理論。」

在此先說明歌德在十八與十九世紀之交寫下《顏色論》時，他提到的「現實」（reality）是什麼意思。當時依舊是啓蒙運動的黃金時期，在那個天翻地覆的階段，西方社會正在以新的信念取代中世紀的迷信，相信人類具備理性。如果說人是「理性」（Reason）的造物，那如果提出理智的必要條件「感知」使人無法精確看見現實，不就自相矛盾了嗎？當時的人藉由政治理論、刑法、數學證據，迅速征服自己的時空，掀起現實世界巨大轉變的心智，怎麼可能看不清現實本身？歌德的色彩滑鐵盧故事雖然精彩，但重點其實不在於他本人（雖然這故事確實讓世人看到他的多重性格），在那個人們依舊對大腦所知不多的年代，歌德代表著當時的普遍假設——人類可以「看見現實」的假設，一如兩百年後依舊讓大量網友熱烈討論的洋裝事件。在我們試圖了解感知時，會發現正確的假設其實相當違反直覺。

多數人假設，我們可以精確地看見世界的真實樣貌，就連許多神經科學家、心理學家、認知科學家也一樣，因為這不是理所當然的嗎？乍「看」之下，不這麼認為好像很不對勁。但我們能看見現實的假設，表面上符合邏輯，事實上卻未考量到與生態有關的基本事實，以及我們的心智在生態中的真實運作情形，也因此未能掌握到「**我們的大腦並未朝此方向演化**」的基本事實。那麼，大腦究竟是朝什麼方向演化呢？一言以蔽之，答案是人腦朝生存演化。

請留意一個關鍵細節：儘管大腦並未感知到「現實」，但人類的感官絕不「弱」。**演化**（以及後續的發展與學習）其實是世上最縝密的研發與產品測試流程，型塑著人類的大腦，也因此前文的灰圓測驗，目的不是讓各位認為人類的感官有多容易被愚弄，正好相反（第四章會進一步解釋為什麼各位看到的錯覺，其實不是錯覺），但在本章的結尾，我們只需要知道演化（以及發展與學習）帶來的並不是脆弱（fragile）的系統，這正是為何我們可以改變自己的感知方式。「脆弱」並非「可塑」（malleable）或「可適應」（adaptable）的同義詞。演化的「目標」是要順應環境、具備活力，以及該怎麼說……嗯，能演化。人類這個物種

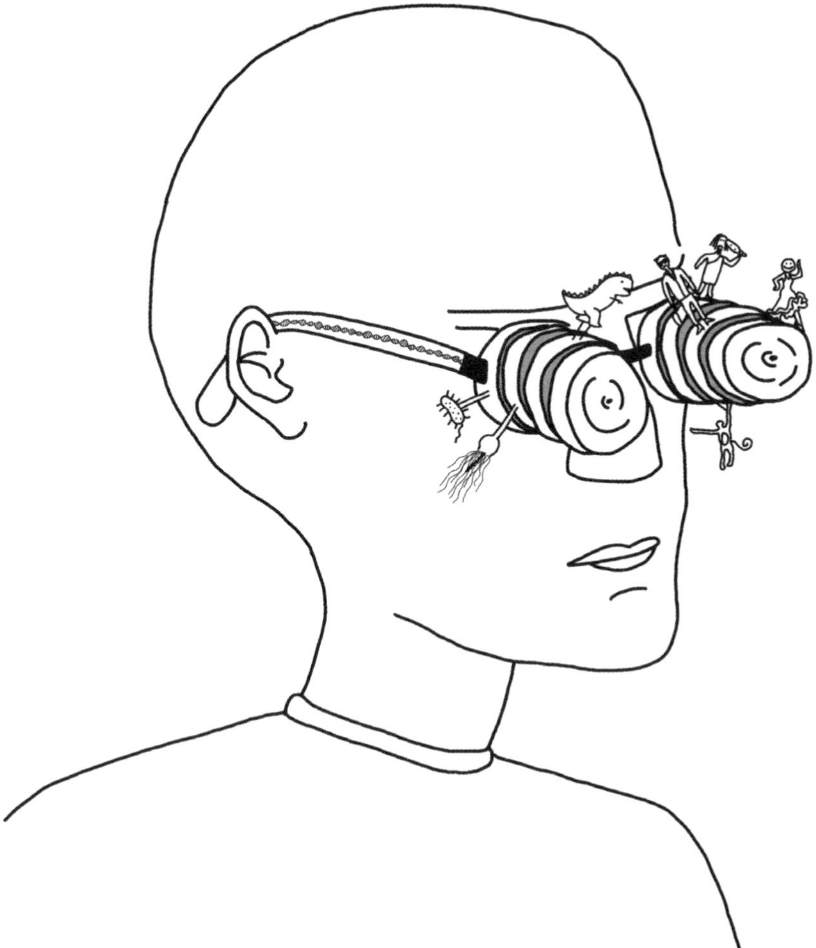

完美示範了這個過程。也就是說，當你看向外面的世界，你的所見其實經歷了數百萬年的歷史。

總而言之，我們並未演化成能看見現實——而是演化成有利於生存。精確看見現實並不是生存的先決條件，甚至可能是障礙。如果不先把這個觀念當成感知的基本前提，各位就無法打破舊的觀看方式。不論你是否知道自己偏離了真相，如果用錯誤假設來解決問題，都絕對不可能有進展，只會不停地撞牆。

歌德與洋裝事件點明了「以不同方式觀看」的重要元素：**挑戰眾人都如此認定**（不論是無意或刻意地挑戰）、造成大腦在錯誤地方找答案的**假設**。歌德和在洋裝事件中發表感言的演員兼作家敏迪．卡靈很像，他深感挫折，是因為他認為感知理所當然提供了直接接觸現實的管道，但大腦其實以萬分複雜的方式詮釋著現實。儘管如此，妙語如珠的歌德在感知讓自己失望時，以一句名言聊以自慰：「有自知之明能承認自己有所侷限的人，最接近完人。」這句話或許說得沒錯，但光要做到有自知之明、承認自己無知，已經是一大挑戰。「知之為知之，不知為不知」的困難，令我想起科學界一則有名的笑話：

想像你人在一條黑濛濛的街，遠方有一盞路燈照亮人行道上的一小圈地方（不曉得為什麼，其他所有街燈都不會亮）。在那一圈光亮裡，有一個人雙手貼地跪在地上，你走上前問他在做什麼，對方回答：「我在找鑰匙。」他看起來很慌亂，你自然想幫上一點忙。加上時間很晚、天氣又冷，兩個人一起找，一定比一

個人找來得快。為了知道從何著手、增加效率，你問：「對了，鑰匙掉在哪裡？」

他指著你身後一百公尺遠的黑漆漆街道回答：「掉在那邊。」

你問：「那你幹嘛在這裡找？」

「因為這裡是我唯一看得到東西的地方！」

我們的假設可能帶來光亮，使我們有能力以不同方式觀看——或是正好相反。究竟是或否，端看我們有多抗拒探索黑影：通往新道路的鑰匙可能就藏在那裡。這就是我鍾愛這個找鑰匙故事的原因。這是警世的寓言故事，督促我們反省自己的觀看方式。此外，這則故事也是展開本書的理想起點。如果我們試圖依據「演化使我們能精確看見現實」的假設，來「破解」感知的運作方式，不但無法洞悉大腦，還永遠無法轉換觀看事情的方式。如果能從不同的假設出發——即使是要勇於挑戰個人對於世界的假設，以及個人如何看待自己的假設——那麼本書將帶來全新的思考、觀看與感知方式。要注意的是，新假設必須奠基於神經科學的驚人發現，而不是奠基於「哪個直覺為真／為誤」的成見。唯有擁抱神經科學發現的怪奇現象，才有辦法開啓感知的新世界。

說了這麼多，依舊還有一個問題未解：如果大腦已經高度演化，**為什麼**我們沒有接觸現實的管道？我將在下一章回答這個問題，帶領讀者觀看世上的所有資訊本身其實不具備任何意義，包括各位現在正在閱讀的句子。了解這一點之後，我們再來探索為何大腦使我們**難以**轉向，以及為何大腦並未看見現實……因為到時候，你們才能開始看出有什麼事情從不可能變成可能。

Information Is

第二章

資訊沒有意義

Meaningless

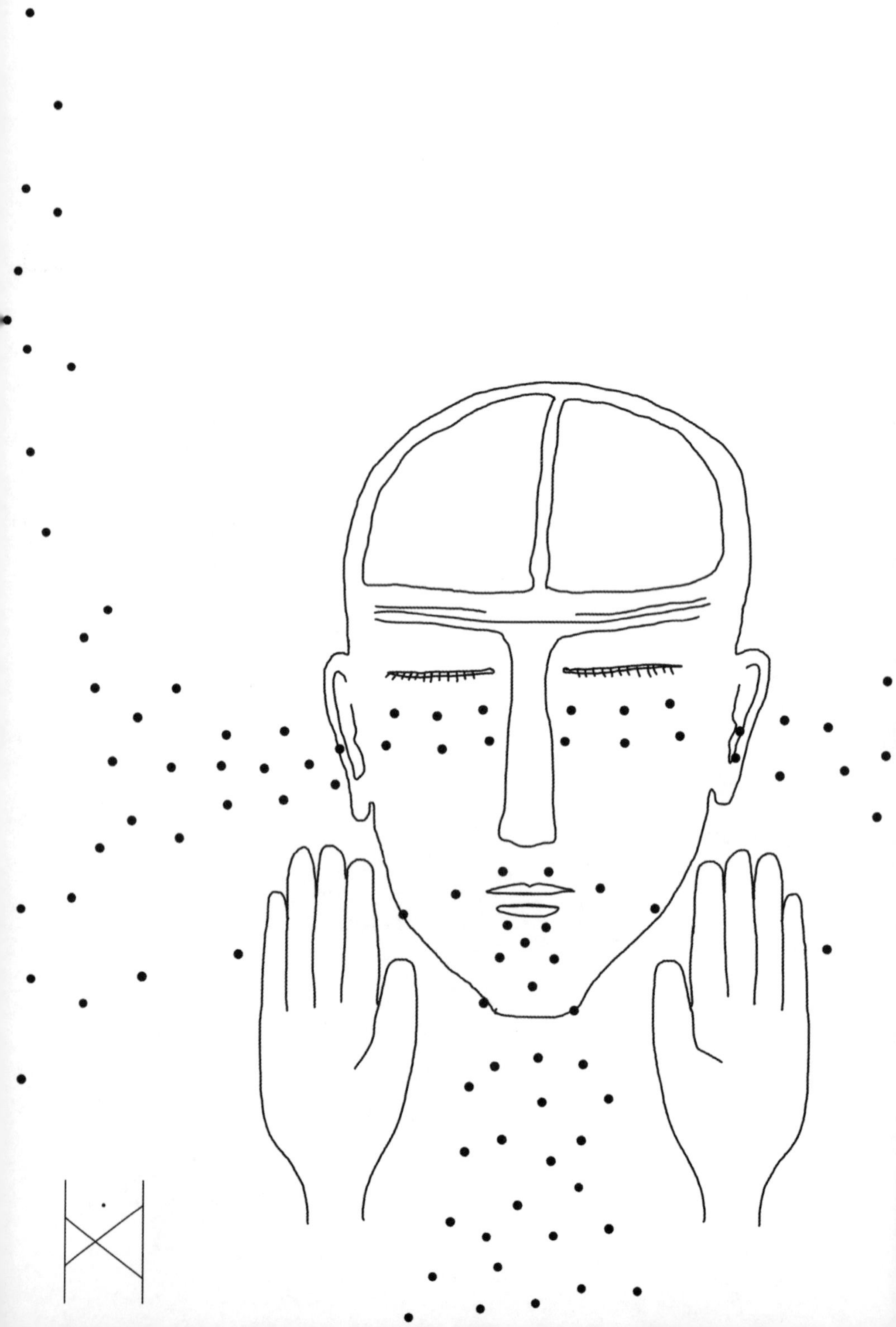

*

我們今日活在 Wiki 的年代，資訊以前所未有的方式自由流通與成長。即便是在已經未來感十足的二〇〇一年，在那個網路開始重塑人類生活的那一年，都沒人料想到資訊會蓬勃到今日的程度。我們和朋友吃飯時，要是哪件事大家看法不一樣，我們會掏出手機，幾秒鐘內找出答案。我們也不再分不清東西南北，有了現代的 GPS 後很難迷路。我們的社交網絡範圍遠遠超出真實生活中認識的人（不想認識的人也認識了）。資訊如洪水般大量湧出，我們大口吞下每一個兆位元組……每條街都被畫進地圖，每則推特都被收藏，每一個流逝的時刻都被照片捕捉。理性時代被推向新的數位年代，網路資訊以空前的方式不斷拓展，輕鬆就能取得，改變我們的日常生活。然而，一切的一切很少轉變為新的理解，因為對創意、成功，甚至是個人幸福來說，資訊本身並非力量。這個結論同樣可以套用在我們的感官上，也或者該說，對我們的感官來講尤其如此。

為求

了解

人類

感知，

你

首先

必須

了解

所有的

資訊

本身

不具備意義。

以上結論背後的原因很簡單：我們的各種感官接收來自這個世界的資訊，而這些資訊一點意義也沒有，只不過是能量或分子。進入我們眼中的光子、藉由空氣進入耳朵的震動、在皮膚上製造出摩擦力的破裂分子鍵、落在舌上的化學物質、進入鼻子的化合物，全都只是某種類型的電能或化學能。它們是來自實體世界（也就是所謂的「真實現實」〔real reality〕）的元素，但我們並未直接接觸到這些能量的來源，只接觸到它們製造的能量波與化學梯度。我們察覺事物的**變化**，而不是察覺事物本身。就算有辦法直接接觸「事物」本身也沒用，因為孤立狀態下的事物不具備任何意義——正如單一水分子無法告訴我們關於漩渦的原理。資訊傳送過來時，並沒有附贈說明書。

我們的感知見到的「現實」，其實是大腦接收到的無意義資訊的意義——我們的生態所賦予的意義。關鍵概念是「事物的意義不等同於事物本身」。換句話說，感知像是在讀詩：詩由你詮釋，有可能解讀出任何意義。

尔
彳出
意義

的方法是與這個世界（也就是你的生態）互動。不論是交通號誌的顏色，或是擦身而過的路人的微笑（或皺眉）都一樣。你的大腦是一台飛速運轉、性能優異的意義製造機，某種光代表某種表面顏色，某種氣味代表某種食物，某種聲音代表某個人，某種碰觸代表某種情緒，某種景色代表某個地方。但要注意的是，物體表面其實並未以任何方式染色。看見紅色，其實是看見某種過去的意義描述。這樣的感知就像是現實的馬賽克落在你的感官上，意義早已內建，但事實上，沒有任何意義是預先決定好的。同樣地，沒有任何意義是無意義的——唯有原始資訊不具有意義。現在，我們要來說明為什麼資訊沒有意義、為什麼人類這個物種（以及任何生命系統〔living system〕）的大腦演化成**創造**這個世界的感知，而不僅僅只是扮演傳遞的角色。

十八世紀的愛爾蘭哲學家、聖公會主教喬治・柏克萊（George Berkeley）認為，現實只不過是「印在感官上的……念頭」。他說對了嗎？

柏克萊生於一六八五年，身兼形而上學者與宗教人士，不過從後世的角度來看，我們也可以把他視為在「理論神經科學」（theoretical neuroscience）領域尚未存在之前，就在研究相關議題的學者。柏克萊是早期啟蒙運動下的產物，他是一名思想家。對他來講，信仰與科學並不衝突；批判性理性（critical reason）是他信仰上帝的途徑，而不是阻礙。然而，由於他執著追求的人類感知觀點具備爭議，他在歷史上的地位不如尼采（Friedrich Wilhelm

Nietzsche）或黑格爾（Georg Wilhelm Friedrich Hegel）等哲學家。儘管如此，柏克萊對於人類心智的理解十分深刻。他同時也是一名永遠閒不下來的實務家，在鑽研哲學與神學之餘投身社會運動，成立協助孩童與無家可歸者的計畫，打擊失業，贊助地方工匠，種植桃金孃與亞麻。如同某傳記作家所言，柏克萊是「努力幹活的主教」。

柏克萊終身懷抱熱情投入的哲學事業是替「主觀唯心主義」（subjective idealism）或「經驗唯心論」（empirical idealism）辯護，也就是認為事物僅存在於心智作用之中。在柏克萊的年代，多數人認為大腦是某種預先設定好的獨立實體，不會因為大腦內部、以及大腦與外界之間的互動，不斷被型塑與再型塑。然而，柏克萊闡明自己對人類心智所感知到的事物採取何種立場的著作，成功營造一個純直覺的空間，它們以靈性為中心，但在本質上也符合科學。

柏克萊在自己最著名的作品《人類知識的原理》（*A Treatise Concerning the Principles of Human Knowledge*）中，寫下他對感知的看法：「這實在是很奇怪，大家普遍認為房屋、高山、河流……以及簡而言之，所有可感知的事物，都是自然或現實的存在，與心智的感知無關。即便大眾認為這個觀點成立，但我沒弄錯的話，任何在心中對此存疑的人都會發現當中的明顯矛盾，因為剛才提到的事物，只可能是我們靠感官感知到的，怎麼會有其他可能？除了自己的念頭或感受，我們怎麼可能感知到其他東西？」柏克萊用了一堆大寫字母來強調自己的意思，讀起來像是激動朋友寄來的電子郵件或簡訊，但在三百年後，我們知道他說的沒錯：我們沒看見現實——我們看到的是大腦透過「之間的空間」（space between）產生的視野。

柏克萊甚至比神經科學更進一步宣稱：事物其實不可能「獨立於心智而存在」。如果把柏克萊的話當成人類感知的主觀性隱喻，這是一種很有力的立論法，因為除了透過大腦（與身體）所賦予的意義，我們並未體驗到任何自外於我們的存在。但如果不當成隱喻，直接按照字面上的意思來闡釋，那麼柏克萊的「唯心論」（immaterialism）有誤，因為不管我們有沒有在感知，這個世界顯然都是存在的。樹林中的一棵樹倒下時，會以空氣震動的形式製造能量，但要是沒人或任何生物在現場聽見那棵樹倒下，空氣能量狀態的轉換雖然帶來客觀的物理效應，但並不算有發出「聲音」。不管如何，如果把柏克萊超前時代的洞見，以現代神經科學的方式換句話說，以下四點是我們無法接觸現實的原因。

一、我們並未感知到周遭的全部事物

人類的感知就像身處一棟可以拖著走的活動屋（不是很迷人的比喻，但在此處很貼切）。感官是這棟屋子的窗戶，一共有五扇：視覺、嗅覺、聽覺、觸覺、味覺。我們從每一扇窗獲得世界的不同資訊（也就是能量）。重要的是，我們永遠無法踏出拖車，但可以移動。即便可以四處移動拖車，我們依舊受限於只能透過窗戶獲取資訊，感知周遭世界的能力明顯有所侷限，而且感官窗戶可能比你以為的還要小。

以「光」為例，光是人眼可見的狹窄範圍內的電磁波，只是電磁波譜的一小部分。光具備許多特性，其中一項與**範圍**（量）有關。人類能看見的光，以視網膜與視覺皮質能感知的波長（頻率）移動。至於紫外線與紅外線，我們則看不見。人類只能感知電磁波中非常小的一部分。夜視鏡等新科技可以「拓展」我們的感官，但無法改變我們的生理構造。相較於人類，其他物種的生理構造具備先進許多的技術，能感知到的光遠遠超越我們。

馴鹿最有名的就是牠們的紅鼻子，但其實眼睛才是牠們最引人入勝的部分。馴鹿雖然無法真的拖著聖誕老人的雪橇飛過夜空，但演化確實讓牠們擁有某種超能力（跟人類比的話）：牠們看得見紫外線。為什麼馴鹿擁有這項優勢？這跟牠們住在天寒地凍的北極地帶有關。有辦法感知反射紫外線的地表，意謂著知道哪些地表並未反射，而馴鹿的主食地衣不會反射，也因此能否感知紫外線，關係到馴鹿吃不吃得到晚餐。

馴鹿看得見紫外線的能力，主要作為一種協助覓食的自動導航裝置，就跟尋血獵犬（bloodhound）的嗅覺特別發達一樣。除了馴鹿，昆蟲、鳥兒、魚類的視覺也遠勝過我們，例如熊蜂（bumblebee）擁有高度複雜的色彩視覺系統，有辦法感知紫外線輻射。值得一提的是，熊蜂演化出色彩辨識能力的時間，遠早於花色素。也就是說，花朵演化成今日的樣貌，是希望自己在蜜蜂眼中是「美麗的」（具有吸引力），不同於人類高度自我中心的世界觀，花的存在，不是為了讓湖區（Lake District）丘陵上的英國浪漫派詩人感到文思泉湧。花的顏色與色彩演化是為了吸引人**類以外**的萬物。鳥類也一樣，鳥兒視網膜中的色彩接收器數量是人類的兩倍。跟其他動物相比，我們的色彩世界**相當**貧乏。

我們無法看見完整的光，原因除了光的範圍，跟光的**方位**（質）也有關，也就是「偏振」（polarization）。所有的光都是「偏振光」（震動能量的波發生在單一平面）或「非偏振光」（震動發生在多重平面）。你我都無法感知偏振，就算手邊有偏振太陽眼鏡也一樣（眼鏡的鏡片只讓垂直波通過，不讓反射的水平波通過，協助減緩刺眼光線）。相較之下，許多動物都比人類厲害，例如蝦蛄（stomatopod 或 mantis shrimp）便是一例。

蝦蛄是一種居住在淺水的奇特甲殼動物，身上長著像龍蝦的尾巴，眼珠在眼柄上晃啊晃的。蝦蛄擁有科學家所知最複雜的眼睛，可以調整八種頻道，有人稱之為「立體視覺」。但這對蝦蛄的驚人視覺能力來講，只是小事一樁。蝦蛄還擁有十六種視色素（visual pigment，替大腦中的神經受體將光轉為電的物質），人類只有三種。在你死我活的水底世界，外表可以欺敵，決定生死，如此高度發展的感官讓蝦蛄在獵食／被獵食時享有優勢。鳥類同樣也能感知偏振，有辦法看見天空的電磁結構，而不侷限於深深淺淺的藍。鳥兒在空中飛翔（理論上）可以看見不可思議的電磁模式，此模式依據太陽與鳥兒所在位置之間的角度，不斷產生變化。天空結構依據太陽角度產生的變化模式，使鳥兒有辦法穿梭其中，利用此一資訊決定接下來的動向。換句話說，鳥兒「找路」時通常是往上看，而不是往下看。

所以，各位可以想像一下……透過鳥兒的感知看向外頭的世界。我們抬頭望向晴朗的天空，觸目所及只是一片蔚藍。但我們見到的美麗藍天對鳥兒與蜜蜂來說，永遠都不會是一模一樣的東西，而是不斷變換的複雜模式，一片由形狀與結構組成的導航景色，具有意義。這樣的景色以何種形式出現在鳥兒的感知？鳥兒實際上的所見為何？試圖想像那樣的畫面只是徒勞，因為那是完全不同的感知現實，就像沒有眼睛的人試圖想像什麼是顏色。萬分奇妙！

再回到前文的活動屋隱喻。人類的視覺之窗很小，就像迷你舷窗一樣，其他物種則擁有整面牆那般大的落地窗可以觀看。視覺以外的感官也是如此，狗哨吹出的高頻聲響，不也是另一層我們無法觸及的現實？

人類無法和其他動物一樣，不代表演化程度不足。人類感知到的東西比較少，只是在求生過程中出現不同的天擇演化。我們擁有著名的對生拇指（opposable thumbs），可以抓握東西。這個偶然出現的演化優勢使我們欣欣向榮，蝦蛄沒有拇指也活得很好，牠們的演化環境讓牠們需要不同的東西。

以上重點在於，我們接收到的是感官透過活動屋的有限窗子得到的東西。能量雖然真實存在，但能量不是物體的現實、不是距離的現實、也不是其他種類的現實，即便能量的確是由實體物理世界的一小部分所產生。好了，講了這麼多，以上只是資訊無意義的第一個理由。

Pa qui dolupta turehent quos quae ped most, sita ad qui nulliat optatur ad moleni doluptas con et litas erum hilla doloreprem desed ulparum, sinum latempo remquundi consenet et aboriatendae lantur sust, eum qui dolecta spient aperum, num fugia ellant elendam corest quae. Hita cus dis sinto ea perchitio. Et ut alictotas a nonseque natectet et, aut ut autem quaecae. Ut qui offici sam eum eum quo explantia quia conseque doluptatem de vid maiorum fugitae. Ga. Et verias dunt. Lore quia natur adistempe recaborrum veliqui temporunt occupici odi recaborrum veliqui temporunt occupici odi recaborrum veliqui temporunt occupici odi recaborrum veliqui temporunt occupici odi cus. Pis sit omni ut autecat am ad maximoditae sunt deria volupide num re exerum quistin core diatemque voluptate nonsequi demodicium rem et dolorro vidella vel ercipisciis ra dolesti busapelit re, quat. Aquatur, niate comnime nimpore pelestium quia nullitisque volupta tiorem hitaquae saestia turios apellab ipidesed que cum as sim que nectempor am quati nosapitaquis quunt ariae. Itatem il eume nonseque sin recaborrum veliqui temporunt occupici odi tecte magnam fuga. Ita corrum re sum harchic aboribea volessin pera sim quia et quo est voluptat. Eremque pa corem volum acientium veniate molorporem. To ium ipsapid ullit ut faccab il et fugitaque nonestrundis ut vendis maio. Acimporerum hil molor mo el moluptur sunt et eosaeratur? Tem ex eritiat qui arionse quatenditae quunt fugitatur adiciis ditinciis voles si corernation et ad quiaect otasperehent is doloratet harum ipsum int, nonsectem explibeat expellitati dolorepudae cuscidunt ut veligendae con con niendae vitat autem quia natus am res sum ant voluptat accus, optus eate re latur? Quiatia volo qui sequi officiliquam et, venimin pra vel mi, auta expliat iorpos sit faccum aces excerunt, quid mossitio. Net et ex et officit et uta denimen debit, sunt aut im ipsam duscidus rehente mporunt quasitibus quodi bla ditius, occuptatur? Ibus nonsecea volum volupta dictur as aut repudae minctotaeped quiam libus sed ut acit ut faccabor alit raersped quist, con expliqu odipiet adita dolorem eum demo et dolent eos reped magnates venis simaxim usandebis eatio moluptaecum am quae era dolupit veniscipsam quissimusdam qui aut liquo vernatum atem quod eatatent. lorem ipsum vanda a vandalio Alitis et a poreseq uident aperovitibus eium ut aboritionse repelest qui omniatecto tem et harion re, quisquunt esed ut que nulluptiusam

我們的視覺之窗

很小，

就像

迷你舷窗。

ad et prehenditiis atecerit eum asped quias simenis dolor alit que nonescipit eumendis nonsequ iameniet ad ex eum, int, eicia volupitae expereh enihil mo dolupta nihicab orerum corporro et laut fugia velestion pa quam hit El ipsa aspitat uresectatias cume deliquo preptatium quate nos reprem ipsam prempos doluptatem eos consero te posam di torum in explia nam aut imus idunt exerit officipsam quam utent volla sequi dolupti blatis verspe apidel esciiscient a quam et eum esectusda voluptates volecernam qui des magnate mpereped mo imin premque que vel et volupti blam num, core destio. Harum utemo verovidenem reprovid et dolut et, quatin omnihitatia same corum eosam ellorpo ribus. disquaestio. Nam eturehenia conseditae voluptatium rerat isiti doluptium et, optas et ut dolendisque voluptiis dolesciatis unt hillab inti dolum que voluptatio. Itat vendit beaqui nempore se modi delesti ssimpero dem et exeriti adit hitium soluptur, sinus, omnis volorernatus et ditat illaboriae ped eos asit autem quam ent, cum qui voluptatur, te solum quo tem quo dior repudiorerum natiam, qui ipsum sectatur, quiat mos si simodit perum inti ut essustiur, occaturit rereperum harchil luptiassim quis et, namus des rerferciam demporuptat occabor erchili tatur? Electiu mendund itatur, nitior sectiur esequatur arumet ut el modit qui ium quam ero volum estion pores eos delit rest veliquiam, qui omnimus volorec tiore, culless imusdamus reium quam cusdandio. Nam esciendio. Os non con pori sanimag nitatem vendisit repelestis untiore ptintinist, non parioreiur aut voluptatem renis serchit odigendeles quiassit et rem eictis ut unt. Harchil eat accus estiandita solenimust debis sam net ma issi unt eatur sitat ium rehenem quidus es numet volorib earcium, quae nonsequ ibusandent velias consequas volupta tibus, sin enim susdaecero te sam nati quas ipsum essimus molorem. Itasseq uatumque nullume tureniassum enda aut autem fugiandant, simaximi, officil idenet plabore pratis eaqui omnimpor as el maiore rerum quidi cus dolore eos quossim ipsapel luptatu remolor endaest emporis etus plignimpost, untiisquas ullupta evero mintem ullum lam fugias quidem vit alique ipsanis deliqui od qui ulparibus moluptas aut vendio doloratatio corro que ra sae solorionsed quis et qui initio blatiat laceper roreped magnatibus. Desciatem quam archili berferum, sinctur, sequo doloristis eatia ne lat exceatis seniam endae offictis nulmoluptas aut vendio doloratatio corro que ra sae solorionsed quis et qui initio blatiat laceper roreped magnatibus. Desciatem quam archili berferum, sinctur, sequo doloristis eatia ne lat exceatis seniam endae offictis nulmoluptas aut vendio doloratatio corro que ra sae solorionsed quis et qui initio blatiat laceper roreped magnatibus.uptiassim quis et, namus des rerferciam demporuptat occabor erchili tatur? Electiu mendund itatur, nitior sectiur esequatur arumet ut el modit qui ium quam ero volum estion pores eos delit rest veliquiam, qui omnimus volorec tiore, culless imusdamus reium quam cusdandio. Nam esciendio. Os non con pori sanimag nitatem vendisit repelestis untiore ptintinist, non parioreiur

二、我們接收的資訊不斷在變化

這個世界與當中的萬事萬物永遠在變化。換句話說，在活動屋之外，沒有任何事物是固定或恆常不變。往窗外看，我們可能瞥見一隻鹿站在前院草坪上，但牠遲早會移動（大概不一會兒工夫就跑走）。同樣地，白天會變黑夜，季節會轉換，而變化會帶來新機會，以及新威脅。更別提如果我們遵循身體本能，我們也永遠都在動——也因此我

把身體形容成一棟活動屋。我們的「現實」處於永恆的轉變狀態，就算大腦提供我們直接接觸現實的途徑，等我們一感知到現實，現實早已又轉變。事實上，這就是為什麼我們的

大腦

演化成

可以感知到變化

……及運動。大腦

很快就適應不變的世界……一個缺乏

空間／時間對比的停滯世界。

三、刺激（stimuli）的意義全都高度模稜兩可

各位可以想一想，自己一生中微笑，或別人對我們微笑的各種方式。微笑的主要功能是表達喜悅，但各位是否曾經用笑容來表現諷刺，甚至是笑裡藏刀？另外還有傲慢的笑、調情的笑、隱藏痛苦的笑。我猜以上的笑各位都碰過。狗兒也一樣，牠們狂吠或迎接你的時候，耳朵同樣都是收起來的。

所以說，微笑對我們而言——就像動耳朵對狗兒來說——動作本身不具備意義，因為大體上來說，它有可能傳達任何意義。從行為的角度來看，所有的刺激本身都不具備意義，因為感官接觸到的資訊，甚至是感官製造的資訊，可能含有各式各樣的意義。通過感知之窗的任何事物都有無窮無盡的詮釋方法，因為資訊的源頭包羅萬象——來自世上多重源頭的資訊，彼此相互加乘，產生模稜兩可的含義。

幾年前，BBC的《海岸》（*Coast*）節目請我解釋英國康瓦爾郡（Cornwall）的光線特質。更確切來講，他們想知道聖艾夫斯（St. Ives）這個地方是怎麼一回事。聖艾夫斯是一個古色古香的海濱小鎮，有沙灘、有壯麗峭壁，還有以美到可以放上 Instagram 的柔和天空聞名於世，於是我開心接下委託，告訴工作人員只需要給我一年時間，我將在不同季節測量不同時段的光線。「太好了！」BBC 製作人說，「但……我們只有一天時間。」我只好立刻進行研究，最後情急之下想出來的解決辦法，也就是《海岸》

節目問題的答案，其實非常簡單。

如果康瓦爾的光看起來不一樣，我們要處理的議題不只是康瓦爾與眾不同，而是康瓦爾不同於什麼，因此我們決定做一個比較研究，比較康瓦爾的空氣，以及我的倫敦「眼科研究所」（Institute of Ophthalmology）辦公室外的空氣。我購買空氣濾網，加裝幫浦，抽進空氣，在人行道上形成一個詭異畫面，一個怪人彎腰駝背用機器抽著空氣。但只抽了一小時（以一般人的呼吸速度），我們就清楚得知倫敦的空氣裡含有什麼——空氣污染帶來的大量懸浮微粒。我們在康瓦爾也進行相同的步驟，各位大概可以猜到結果。在康瓦爾的濾網黏著的污染物質少很多。我的結論是康瓦爾的光線不具備特殊特質，只是空氣比較乾淨，再加上聖艾夫斯位於海邊，海水反射光線，因而出現神奇的效果。康瓦爾的美麗天空來源不明，我們因此難以「看見」用常識就能說明的解釋。

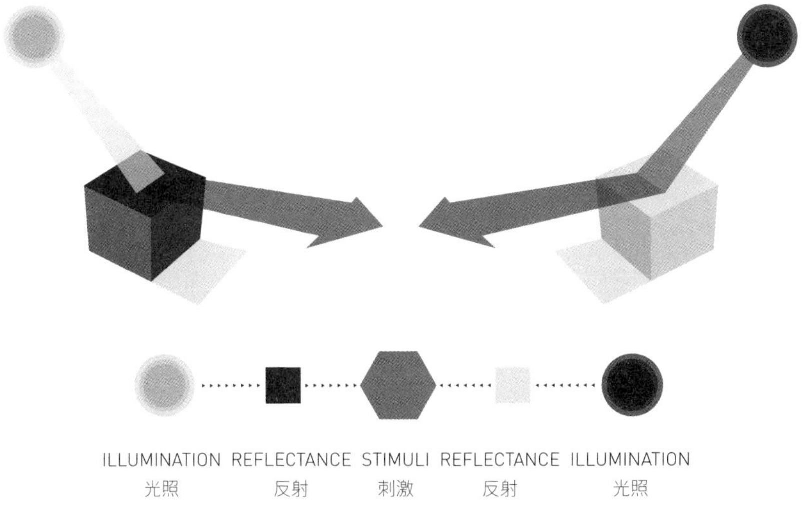

為求真正了解我們感知到的刺激的基本歧義性，接下來要「看」我們最大的生命泉源：太陽。如同上圖所示，雖然我們以為日光很簡單地從太陽直接進入眼睛，但最終進入眼中的光線性質其實是由三種不同源頭決定。首先第一個源頭當然是太陽本身；第二個是反射物，也就是當下我們周遭的數十億個表面；最後一個源頭是介質——你和物體之間的空間，例如倫敦或康瓦爾的空氣。少了空氣，天空會是黑色，太陽看起來會是白色。這些源頭只要其中一個變了，刺激（穿透活動屋窗戶的光線）也會改變。由於我們無法直接接觸到光源、反射物，以及「之間的空間」，我們不曉得是哪一個產生變化。我們的感知無從得知光發生的現實。

光發生的現象，其實就如同物體投射至視網膜的大小一般。各位不妨試試，把食指擺在眼前，與遠方某個實際體積較大、但投射高度和手指一樣的物體並排。請留意這兩樣東西——靠近你、舉在半空、相對短的手指，以及遠方大上許多的東西——在你的視網膜上形成相同角距。大腦從來不曾只處理單一資訊，那麼大腦如何分辨哪個是哪個？大腦同一時間感知到好幾樣東西的加乘，帶來永無止境、有無數種解讀方式的混雜意義。

這就像是給你一個簡單方程式：$x \cdot y = z$。你已經知道方程式的解：z（刺激），但你必須在不知道y是什麼的情況下算出x。由於能乘出任一 z（除了1）的 x 和 y，有著無限多的組合，數學上不可能解答這個挑戰。各位可以簡單想成「多對一」：世上的許多物體都製造出同樣的單一資訊，也因此我們的大腦並未發展成可以看見現實，只是協助我們在資訊洪流中存活。不斷出現的混雜刺激無法當成獨立資訊來處理，即便表面上看似可能辦到。

四、沒有說明書

感知不是發生在真空中。我們演化出感知能力是為了生存，而這點預先注定了我們必須行動——我們需要**做點**什麼。這句話是在以另一種方式說明，感知本身不是目標。我們的大腦演化出感知，好讓我們能**移動**。身為人的基本任務——任何生物有機系統活著的任務——就是做出**回應**。我們的生活不可避免地困在自己的環境裡，困在萬事萬物中（環境裡的生物與無生物）。也就是說，我們永遠在回應、行動、再回應，接著再次行動（永遠不是先發制人）。問題在於資訊沒有附帶如何行動的指令。現實沒有告訴我們該怎麼做，名詞無法支配動詞。

就算柏克萊錯了，你有辦法直接感知世界的現實，但人、地、情境並未附上如何有效回應的行動指南，物體同樣沒有附贈說明書。物體限制著行為，但不支配行為。以石頭為例，石頭沒告訴你該拿它來做什麼。它可以是工具、可以是武器、可以是紙鎮。石頭不帶有與生俱來的意義、目的或應用方式（雖然石頭具有實體限制，例如**相對**重量、**相對**尺寸等）。石頭如此，基本上所有進入感官的資訊也是如此——包括光本身。因此，若不進行某種分析，資訊是沒有意義的。也因此大腦必須**製造**出引發回應的意義——不是某一種回應，而是**任一種**回應。這是「一對多」，是「多對一」的相反。任何的單一時刻都有很多方法可以回應，大腦會為下一個時刻判斷你該做何有效的回應。這方面最重要的例子，恰巧是我們人生中最重要的東西，因為最重要的東西永遠最模稜兩可：其他人。

各位可以想像以下情境：在酒吧裡，你把一個友善微笑誤認成拋媚眼，結果跑去跟沒有調情意願的人搭訕。或是想像一下，你指控朋友或另一半不忠誠，卻發現他們最近疏遠你是忙著為你準備驚喜。我們在人際關係中不斷發生這種事，永遠都在處理模稜兩可的資訊，但大腦隨後把各式可能的回應縮減成一個。我們經常誤解別人，把錯誤的意義投射到他們身上（後文再進一步解釋人類的「投射」）。從大腦的角度來看，我們身邊的其他人只不過是高度複雜、無意義感官資訊的源頭，但他們也是我們最感興趣、最有熱情、最投入的「東西」，只不過他們老是讓我們感到一頭霧水。

即便我們盡最大的努力與人溝通，我們認識、見到與偶然互動的人並未附上詳細的圖解。如果有的話，豈不是美事一樁，但我們的人類同胞不是IKEA家具，沒有說明書。

我要再重申一遍：另一個人就如同其他任何的有形物體，本身就是無意義資訊的源頭。沒錯，人類是自身無意義刺激的製造者，也因此要有百分百的自信，事先知道在每種情境下回應另一個人的「最佳」方式，是不可能的任務，更別提要弄清楚自己究竟是怎樣的一個人。

如果說有四道無法克服的障礙，造成我們無法感知真正的世界、絕對無法看見現實，那麼我們得坐下、深呼吸，用不同的方式看自己。我們必須用不同的方式看待人生。

再來是最玄的部分。

我們必須接受看不見現實不是壞事。

科學在做的是要找出物理現象的源頭，撥開資訊，最終得出結論。神經科學尤其想知道大腦如何穿透資訊……得出意義。我和神經科學家帕爾夫斯稱之為「資訊的『實證意義』（empirical significance）」。這就是大腦所做的事，這就是為什麼人類能存活至今，欣欣向榮。人類這個物種並非無法看見現實也依舊成功，而是**因為**無法看見才成功。我們看見人類對過往生態的詮釋，協助大腦以有效的行為做回應。

歸根結柢，資訊不具備意義無妨，我們如何**做**才是重點所在，因為從最根本的角度來看，人類的存在（human existence）是在回答一個問題：**接下來呢**？好好回答這個問題（更精確的用詞不是「好好」，而是「以更好的方式」）就是在設法活著。我們的假設（讀到這章之前）是我們必須先知道現實，才有辦法回答這個問題。但事實上我們並不需要知道現實，否則人類是怎麼活過數千年？我們是如何建立城市、社會、摩天大樓？我們是如何從無意義之中，得出這麼多意義？很簡單，靠我們天生具備的演化、發展與學習方法：**試誤法**（trial and error）。也就是說，我們必須參與這個世界——以實證的方式參與。

我們建立（進而改變）大腦架構的方法，就是藉由實驗——主動參與具備歧義性的資訊源頭。下一章會繼續探討這件事。

Making Sense

第三章

賦予感官接收到的東西意義

of the Senses

*

我們永遠無法接觸現實，因為大腦透過感官接收的資訊，本身不具備意義，那麼以不同方式觀看的下一步為何？此一感知真相如何能替我們鋪路，帶來強大的思考轉向——而不是成為絆腳石？首先要了解的是，在我們的感知中，意義**無處不在**，只不過不是來自手邊的資訊，而是生態大腦（ecological brain）從自己唯一能取得的另一項資訊中**建構**出意義——過往的經驗。

一九九二年生於加州沙加緬度（Sacramento）的班．安德伍德（Ben Underwood），出生時便罹患「視網膜母細胞瘤」。這是一種會攻擊視網膜的罕見癌症，最常發生在孩童身上，而且通常只出現在一隻眼睛，但班兩眼都出問題。如果不治療，有可能很快就擴散，醫生先移除班的一眼，接著另一眼也要移除。他才三歲就失明了。他的母親亞加娜塔．戈登（Aquanetta Gordon）永遠忘不了那個心碎的時刻，但她深信兒子會沒事的。亞加娜塔以前認識一個盲眼男孩，她見證到旁人的過度協助反而使男孩在成長過程中無法自立。亞加娜塔回想當時的心情：「班將會好好度過自己的童年。不論要付出什麼代價，我要他好好享受童年，我對他有百分之百的信心。」亞加娜塔讓兒子練習在台階跳上跳下，還做其他具有挑戰性、有時令班感到沮喪的空間任務，但班在四歲時開始適應——靠著**彈舌**。

班讓自己的舌頭化身打擊樂器，敲著口腔上顎，發出滴答聲。他在自己的房間彈舌、在客廳彈舌、在廚房彈舌，甚至在浴室也一樣。班的母親表示：「班走進浴室，接著就**聽**。聽洗臉盆、聽垃圾桶、聽浴簾，什麼都聽。」亞加娜塔鼓勵兒子這麼做，她知道那是兒子「看見」世界的新方法。「我告訴他：『孩子，發出那個聲音。不管做什麼事，你就發出那個聲音。』如果只因為他少了眼睛，我就告訴他他看不見的東西，那樣太不公平。」班當時年齡還太小，大概不曉得自己在做什麼——那是他的大腦憑直覺回應不再有視力的新世界。班靠著直覺式的實驗，學會詮釋自周遭世界反彈回來的彈舌聲，他稱自己的新感官能力為「視覺顯示器」（visual display）。

班的彈舌很快就讓他能以某種聽覺景觀，感知自己的視覺環境。他進幼稚園時，已經可以有自信地四處走動（顯然勇氣十足），可以分辨停著的小汽車與卡車，有一次甚至靠著涼鞋的走動聲，認出附近一位鄰居，那位鄰居可是走在五棟房子外的人行道上。

當然，班的神乎其技在大自然中早已存在數百萬年，稱為「**回聲定位**」（echolocation），也就是蝙蝠運用的高度演化聲波導航。班以不同方式「看」，超越失去視覺帶來的限制，和一般正常男孩一樣生活。班能做到的事十分驚人，可以在家附近騎腳踏車、打籃球和梨球（tetherball），甚至靠學習不同聲音代表的意義，玩電動打敗弟弟。班也有碰上挑戰的時刻，除了偶爾不小心弄傷自己，也會因為別人的少見多怪而心理受傷。學校行政人員和班的母親不一樣，不准他玩操場上的單槓，後來還因為班拒絕使用拐杖，學校輔導員大發雷霆。但班連盲眼都能克服，這點小小的阻礙算得了什麼。

班十六歲死於癌症，但他活出了無限可能性以及相對的自由，令人無限敬佩。他從無意義的資訊中，創造出無限寬廣的意義。

班的故事證明了人類具備適應力，也絕對證明了人類具備創新能力。他發展出回聲定位能力的過程，正好說明了大腦可以如何創新，也因此從神經科學的角度來看，他的經歷並不令人訝異（但**確實**與眾不同）。班的一生證明了人類有能力改變自己大腦的物理狀態——大腦天生無法接觸現實，只具備詮釋現實的能力，但這不是一種阻礙，而是助力。班想找出方法，於是他的大腦找到了人生基本問題「**所以接下來呢**？」的答案。班如果想過「正常」生活，不得不這麼做，而他的大腦也確實有能力朝此目標演變。班的感知碰上嚴重的感官損害時並未關閉，而是找到新方法適應環境——在班自己的主動努力之下。

這就是為什麼試誤、行動與反應（回饋），也就是「回應循環」（response cycle），是感知的核心。參與這個世界，可以提供大腦經驗回饋的歷史紀錄，型塑大腦的神經架構。這個架構，以及隨之而來的感知，就是我們的現實。簡而言之，我們的大腦幾乎只是歷史——是各位的過往（包含個人、文化、演化等各層面）的實體呈現，使我們有能力適應新的「未來的過去」。

從細胞層面來看，背後的原理是神經元（或神經細胞）以及它們之間的數兆連結，構成了大腦整合的網絡，擔任複雜程度驚人的「後勤辦公室」，支援與確保「企業」，也就是你，運作順暢（希望如此）。不同的感覺接收器（sensory receptor）接收到你提供的所有環境資訊，接著往前傳、往後傳，傳至所有的正確地點。每一個神經元內是另一個複雜的網絡，包括膜（脂質）、蛋白質（核糖體）、去氧核糖核酸（DNA）、酶。每一次新的資訊脈衝進入時，你的內部神經網絡就會依據新「資訊」的時間、頻率、時間長度而改變，接著又影響所有的膜、蛋白質、酸、酶的組成，最終影響神經元的實體與生理架構。這些神經元與相關網絡不斷演變的架構，是你做有關**自己身體與周遭世界**決定的基礎，此過程會型塑出你這個人。

從上一個千禧年到上一秒，從人類祖先的成敗到我們自己的成敗，大腦包含了自己一生的體驗。此一過往決定了大腦的實體構造，也因此決定著你在「現在」與「未來」將如何思考與做事。也就是說，你參與這個世界的程度愈高，你的回應史就會愈豐富，可以協助你以有效的方式回應。這是在換一種方式說明，主動積極參與這個世界不僅很重要，對神經學來講更是**很必要**。我們不是世界的旁觀者，我們並未被人類的基本屬性所定義。道理如同漩渦一樣，我們被我們的互動所定義；我們被我們的生態所定義。大腦就是這樣弄懂無意義的資訊。

勸人要主動，不要被動，或許像是老生常談的建議，但從大腦的角度來看，這並非是老掉牙的觀點。藉由以實體方式改變大腦，你將有辦法直接影響自己未來能擁有的感知類型。這叫「**細胞創新**」（cellular innovation），使你能在親身實踐中，完成自己想做的事，獲得有創意的點子。你改造自己的硬體，你的硬體也將改造你，你的大腦與身體因此擁有自己的生態。

如果要了解「被動參與」vs.「主動參與」會發生的事，可以參見一個我暱稱為「籃中貓咪」（Kitten in a Basket）的一九六三年經典實驗，研究者是美國布蘭戴斯大學（Brandeis University）的理查．海德（Richard Held）與艾倫．海因（Alan Hein）。此一研究影響深遠，把兩位教授的姓氏合在一起的「海德海因」（Heldenhein）成為實驗心理學領域的著名簡稱。兩位教授想探索，大腦在發育期與周遭環境的互動，將如何影響空間感知能力與協調。由於此實驗不能施作在人類身上，他們以先前的研究為基礎，改用貓咪來做實驗。

實驗的開頭是短暫的剝奪期。十對小貓自出生後，就被養在黑暗之中，但幾週後，海德與海因教授開始把貓放在旋轉裝置上，讓每對小貓每次接觸光三小時。兩隻貓咪都被放置在同一個旋轉裝置上，但有一個關鍵區別：一隻可以自由移動，另一隻則是動作受限，只能待在一個吊籃或籃子裡，在籃中看世界。每當可以移動的貓咪 A 做動作，行動受限的貓咪 P 會跟著被帶動。實驗進行時，這樣的設定使兩隻貓咪的大腦接觸到幾乎相同的視覺記憶（visual past），以及在空間中移動的相似歷史。然而，牠們參與這個「觀看新世界」的方式截然不同。

貓咪 A 用自己的腳爪做實驗，感受走到旋轉裝置的邊緣會發生什麼事。貓咪 A 會往前踏，接著退回「視覺懸崖」（visual cliff）後方，也就是面前開放空間下方不見底之處。海德與海因教授用小手電筒照貓咪 A 的眼睛時，貓咪出現瞳孔反射（瞳孔收縮），還會抬頭追蹤照光者的手部動作。簡言之，貓咪 A 得以像一隻普通貓咪或普通孩子一樣，主動透過景象與空間摸索自己的世界，學習視覺的意義。同一時間，貓咪 P 只能無助地待在籃裡，被動地上上下下、前前後後移動，有感知但沒動作，也因此相較於貓咪 A，貓咪 P 所得到的過往經驗，只能提供大腦受限許多的試誤史。貓咪 P 無法「理解」自己感受到的東西，看不見資訊的實證意義——自身行為的價值或意義。

旋轉裝置時期結束後，海德與海因教授測試每組貓咪的反應，獲得驚人的發現。貓咪 A 有辦法靠腳爪定位自己，有物體靠近時會眨眼，還會避開視覺懸崖。相較之下，貓咪 P 笨拙地伸出腳爪探路，不會眨眼，也不會出於本能沿著懸崖的邊緣走。貓咪 A 發展出在自身環境中成功的必要技能，以試誤方式參與自己的現實，學會回應自己的現實。貓咪 P 則否，與眼盲無異。兩隻貓的差別源自「主動」VS.「被動」詮釋模稜兩可的有限資訊，以及兩種做法如何分別型塑了牠們的大腦。

貓咪在實驗結束後被釋放，可以自由在光線與空間中四處走動。幸福快樂的結局是：在有光的空間中自由移動四十八小時後，貓咪 P 的空間知覺與協調，很快就跟上貓咪 A，這個結局很類似開完白內障手術的人。貓咪 P 的大腦，很快就製造出先前因為只能待在籃子裡，因而被剝奪的必要「**主動行動史**」（enacted history）。

海德與海因教授的籃中貓咪實驗，解釋了「蝙蝠男孩」（Bat Boy）班如何能活出不可思議的一生。班有兩個選擇：（一）他可以讓失去的雙眼成為侷限自己參與這個世界的籃子，就如同貓咪 P 的吊籃。但班也可以（二）主動運用其他感官，型塑自己的大腦，創造出回應周遭世界的有用知覺（雖然是極不傳統的方式）。班選擇了（二）——對多數人來說，這不是順理成章的決定。班堅持弄懂身邊看不見又無意義的海量資訊，就算／因為自己比多數人少了一種感官。

像班這樣利用回聲定位的人（數量正在成長，全球各地都有訓練課程），都是從哪些事行得通、哪些事行不通中找出意義，但實際上他們和你我並無分別。回聲定位者和大家一樣，感知到的不是精確的現實，而是從**有用**（或無用）的角度感知現實。

所有人的大腦都是由體驗現實（experiential reality）組成的，我們其實就像貓咪一樣，靠爪子踏著「感知的過往」，賦予「現在」意義。每個人都有相同的兩種選擇：積極地參與自己的世界——或是不參與。我們適應了改變，藉此不斷重新定義常態。

我們適應了改變，藉此不斷重新定義常態。

「適應」是人類這個物種（和其他所有物種）自開天闢地以來就在做的事。大腦會設法協助我們生存，有些目的很尋常（找到食物、吃掉食物），有些則高度創新（利用耳朵「看」世界）。這就是為什麼「主動參與」十分重要：這是一種對你、對你的生理機能來講都很重要的神經資源。只要你知道如何利用，就能帶來在大腦中有實體基礎的感知創新。這種親身實踐的實驗是最前衛的神經工程。

有近十年的時間，德國歐斯納布魯克大學（University of Osnabrück）一項研究計畫的「磁感知小組」（Magnetic Perception Group），「藉由研究佩戴者腰上投射向地磁北極的新型感官增強器，探索新感官通道的整合」。雖然這段摘自官網的話聽起來有點像時髦情趣用品的隱晦產品介紹，但它絕對不是（至少目前尚未被應用到情趣用品領域，不過此一研究的確包括了「震動觸覺刺激」）。以上講的其實是「feelSpace 腰帶」（空間感覺腰帶），一種可以拓展人類感知與行為的實驗裝置。

feelSpace 腰帶上有指北針，會朝著地球的地磁北極震動，增強佩戴者的某種知覺，以及適應的機會（還記得鳥兒如何運用磁場導航嗎？feelSpace 腰帶就像是提供這種能力的裝置）。「磁知覺小組」最近期發表的二〇一四年研究，請受試者在七週內，醒著期間都要戴上 feelSpace 腰帶，走路、工作、開車、進食、健行，以及與親友相處時都戴著——簡言之，日常生活中都要戴，唯有長時間坐著不動時可以拿下。實驗目的是研究「感覺運動權變」（sensorimotor contingencies），也就是理論上支配著行動與相關感覺輸入（sensory input）的法則。歐斯納布魯克大學「磁感知小組」主持人彼得．昆尼希（Peter König）表示：「我自己擔任首批研究的受試者，對我來說這是一段相當有趣的時光。」

昆尼希團隊的 feelSpace 腰帶實驗結果，令人驚歎大腦與生俱來的適應力。腰帶佩戴者體驗到自己的空間感知出現極大的轉變，發展出增強的羅盤方位感知，改善了「整體的自我中心定位」（global ego-centric orientation，也就是知道自己身處何方）。不過，佩戴者究竟感受到什麼，不妨看看受試者既具體又詩意盎然的心得描述：「**腰帶帶來的資訊改善了我的心理地圖，例如我以前以為自己知道某些地方的北方在何處，但腰帶給了我不同的圖像。**」……「**我的地圖如今被重新排列，地圖範圍大幅擴展。我有辦法指出自己住的地方在何處（遠在三百公里外的地方），**

我還可以想像地貌上四通八達的高速公路，而且不只是 2D 的鳥瞰圖視野。」……「空間變寬、變深，透過視覺上不明顯的物體／地標，我的空間感知遠超越視覺空間的範圍。以前這只是認知上的想像，我如今則感受得到。」……「我愈來愈常知道房間與地點彼此之間的關聯，我以前不會意識到這樣的事。」……「在許多地點，北方成為一個地點的特色。」

受試者除了空間感知發生變化，導航的方式與效果也變了。看看他們體驗到的心得就知道：「我失去方向感的機率少了很多。」……「今天我一下火車，立刻知道該往哪裡走。」……「戴著腰帶，就不需要隨時留心哪裡該轉彎（前往目的地時）。不需要多想，就可感覺到何時該轉彎！」有趣的是，受試者甚至出現「腰帶造成的感受與情緒」（沒戴腰帶的控制組鮮少提及情緒）：使用腰帶的喜悅、好奇、安全感（沒戴腰帶則會有不安全感）。只不過，裝置本身也帶來許多惱人時刻，這一點很容易理解，畢竟那是隨時都在腰上震動不停的異物。然而，儘管參與實驗的人提供了上述心得，主持人昆尼希指出，受試者很難說出自己的體驗究竟是怎麼一回事，經常出現相互矛盾的說法，彷彿能描述這種體驗的詞彙並不存在。昆尼希表示：「我想，如果能到阿爾卑斯山上與世隔絕的小村莊，讓全部的一百位村民都佩戴腰帶，他們的語言將發生變化。我百分之百確定。」

feelSpace 腰帶可能具備意義重大的真實世界用途，例如協助人在令人錯亂的地貌中找到方向（沙漠、火星），或是協助盲人在所處環境中定位（代替「回聲定位」）。但 feelSpace 腰帶給我們的整體啟示，比上述任何應用都還要令人振奮，feelSpace 腰帶證明我們有潛能「以不同方式觀看」。這裡指的，不是未來派的超人類主義者（transhumanist）講的再過五十年後，我們將全部佩戴 feelSpace 腰帶及其他身體修正裝置，成為第一代的超級人類。我興奮的原因，在於 feelSpace 點出你我現在沒戴腰帶就能做到的事。

昆尼希團隊的研究顯示，我們可以透過「玩」大腦不斷變化的神經模式，增強自己的感知，進而增強行為。此時受試者的大腦會出現**生理**改變——不用兩個月就能辦到。受試者以新方式參與這個世界，創造出詮釋資訊的新歷史。如同昆尼希所言：「你的大腦夠大，什麼都能學。你可以學習第六感、第七感、第八感、第九感、第十感。唯一的限制是訓練這些感官需要時間。但原則上，你的能力是無限的。」受試者不再佩戴腰帶後，先前的效果是否依舊存在？昆尼希回答：「佩戴的感受記憶，這樣的感知是抽象的。」他笑了笑，因為每次都會被問這個問題。「不過我感覺自己的導航方式出現變化，某些小小的效應依舊存在。這很難量化，但確實有持久的效果。我取下腰帶兩年後，為了某場公開展覽再次戴上，那感覺就像是碰到老朋友。你們為了更新近況，以飛快的速度聊天。所以說，某些效果依舊存在，即便不是永久，也可以輕鬆就再次啟動。」

受試者在佩戴 feelSpace 腰帶（靠腰帶感知）的期間，依舊無法接觸到現實，但輕鬆就能適應製造意義的新方式。feelSpace 受試者做的事，只不過是人類一直都在做的事：賦予感官接收到的東西意義。但各位不需要實驗室設計出來的腰帶或其他裝置，也能做到這件事。我們自己的公私日常生活，就已提供大量製造意義的機會。我們的腦袋裡進行著演化。

「演化是演化成能演化」（專有名詞是「演化能力」〔evolvability〕），我們**同時是**演化的產物、鏡子**與**製造者。我們就像一本由演化撰寫的演化書，大腦是此生態史的實體呈現，但其中不只包括千萬年累積下來的人類史。我們也和周遭的生命分享過去，因為每一個生命都在我們演化的同一個環境中演化，在同一時間構成我們部分的演化環境——並因此造成環境轉變。鳥兒、海豚、獅子，我們全都只是身體裡的大腦，以及世界裡的身體。目標就僅有一個：生存（現代人要的更多，還想要欣欣向榮！），只不過生存（與欣欣向榮）需要創新。

我們演化成不斷重新定義「常態」（normality）。我們具備適應機制，所有的適應機制都做著同一件事，只不過各有不同的試誤時間表。演化是其中一個適應機制，擁有最長的時間表，是某種適應性／轉變的長跑選手，涵蓋很長一段時間。在那之中，有的物種消失，有的物種則欣欣向榮。

人類以外的生物演化，可以用魚類來解釋。不同的魚類會因為棲息於海中的不同深度，各自具備不同的特質。深海魚因為居住的環境沒有光線，在漆黑之中生存，唯一會碰到的光源是「生物發光」（bioluminescence，演化成擁有燈具特質的生物發出的光），也因此只有一個光的接收器。演化創新——或是任何類型的創新——除了要獲得有用的新特質，也會去除無用的特質，例如擁有超過必要數量的光線接收器。相較之下，如果是生活在陽光會穿透的海洋上層處，棲息地離海面愈近，視覺接收器就愈多，而且通常會偏向藍色。住在海洋最上層的生物，擁有最複雜的視覺，例如擁有立體視覺的蝦蛄老友，當然就是住在這裡——淺水處是蝦蛄的家。神經系統反映出漸進式、占優勢的適應演化。

生態有多複雜，感知器官就有多複雜。

生態有多複雜，感知器官就有多複雜。

如果說演化像是「長期」的試誤法，那還有哪些其他的時間框架？想想 feelSpace 腰帶，以及其他強度不一的無數感知活動，例如掌握**憤怒鳥遊戲**（Angry Birds）的訣竅、開車，或是成為葡萄酒行家。獲得此類活動技能的過程，顯示出大腦如何藉由改變來適應，但此類適應耗時最短，稱為學習（learning）。

各位每一分鐘都在學習，甚至每一秒都在學習如何做某件事，從而建立起哪些事行得通、哪些行不通的短期個人過去。這個短期史有可能改變你的大腦，因為它顯然影響著你的行為帶來的結果（各位第一次玩**憤怒鳥**的功力如何？今日的功力又如何？）。不過，更大幅度的生理變化發生在另一種時間框架，一個成長時期扮演關鍵角色的時間框架：發展（development）。

~~ENOLUTION~~

~~EVOLOTION~~

~~FVOCOTIVN~~

~~EVOMIXION~~

EVOLUTION

（演化）

海德與海因教授著名的「籃中貓咪實驗」使用的小貓，正處於一生中高度發展的階段，牠們出現的「適應力／無適應力」是強烈的對照。不過，腦部的發育不僅發生在早期的形成階段，還有其他「關鍵期」。事實上，皮質的某些區域在我們的一生之中都可以改變，例如研究顯示，每天說兩種語言可以延緩失智症。我本身是神經發育研究人員，我認為腦部發育顯然可能發生在一生中的任何時刻。

神經生物學家帕爾夫斯的研究，提供了這方面的例證。這位優秀科學家在數十年間深深影響著神經科學（我有幸在公私方面都能稱他是我的導師），成立了全球最重要的神經生物學系（杜克大學〔Duke University〕），還擔任杜克大學「認知科學中心」（Center for Cognitive Science）主任。帕爾夫斯的研究同時從我們的大腦與肌肉兩個面向，檢視發育時間框架中的「適應可塑性」（adaptive malleability）。帕爾夫斯許多早期的研究在探索「神經肌肉接合處」（neuromuscular junction），也就是神經系統與肌肉系統的交會點。他的突破性發現顯示，此種接合基本上是某種肌肉細胞與神經細胞的集體約會遊戲。肌肉細胞要是找不到神經細胞和自己配對，就得出局。用比較不開玩笑、不帶比喻性的說法來講，打造身體構造是相當複雜的生物工程，有非常大量的基因資訊要編碼，大腦不曉得每一個細胞要擺在哪裡，更別提究竟要如何將它們連結在一起，也因此大腦採取了務實的做法，宣布：「好了，我們大概知道我們希望有神經連到那個肌肉，其他神經

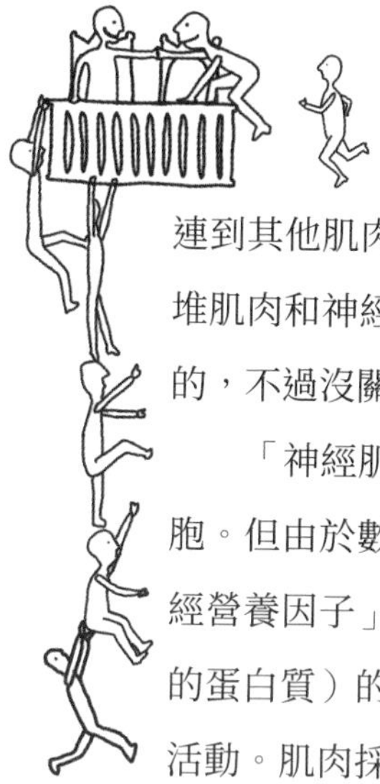

連到其他肌肉，但不確定流程該怎麼走。這樣吧，我們就製造一堆肌肉和神經，讓它們自己供應神經給肌肉。雖然會有很多剩下的，不過沒關係，它們會自己搞定。」

「神經肌肉接合處」的確想出辦法處理多餘的神經—肌肉細胞。但由於數量太多，它們自動挑選與刪減彼此，身體展開「神經營養因子」（neurotrophic factors，負責提供營養與維護神經元的蛋白質）的競爭，目標是一對一，一個神經細胞負責一個肌肉活動。肌肉採取的篩選辦法是宣布：「好，我只會替你們其中一個製造出足夠的食物，獲選的那一個，將會是維持活性的那一個。」或是回到剛才的單身遊戲說法，如果你錯過了找到另一半的唯一一次機會，你就出局了。沒錯，這跟深海魚去除多餘的光線接收器很類似，神經—肌肉細胞像加速的演化局部小宇宙一樣動起來。一旦淘汰賽進行到單一神經細胞配對單一肌肉纖維，就會啟動另一個基本程序：成長。單一神經纖維開始生出分支，在相同的肌肉細胞上製造愈來愈多的連結。神經纖維愈活躍，分支就製造得愈多，以益發精細的方式控制自己負責的肌肉細胞。

帕爾夫斯的神經肌肉接合處研究，深深影響了我與其他許多人的研究。我開始問自己，如果與神經肌肉接合處相似的程序，也發生在大腦裡。該不會大腦也有類似的自動篩選與刪減——接著下一步是「活動依賴成長」（activity-dependent growth）——控管著人類思考的指揮所「中樞神經系統」（central nervous system）？我的研究專攻小老鼠在胚胎發育後期的皮質與視丘，

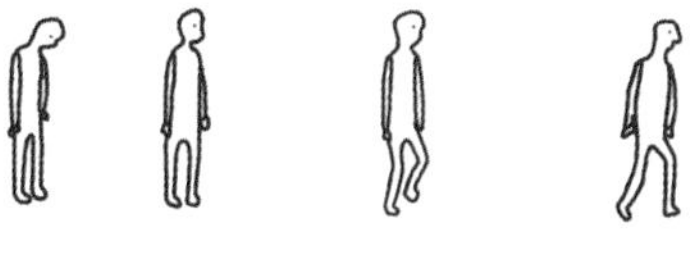

發現答案是千真萬確的「沒錯」！

大腦皮質是大腦的外側部分，也就是「灰質」所在處。我們的感官與運動能力在這裡交會，內部有使我們擁有意識的腦組織。以小老鼠來講，大腦皮質讓小老鼠能「思考」，只不過規模和人類不同（有時達到相同規模，若是嗅覺及其他某些能力，甚至高過人類）。視丘是較深處的細胞集合，位於大腦中央，橫跨左右兩個大腦半球，在感官感知方面扮演著不可或缺的角色，擔任皮質這個超級執行長萬分勤勞的特別助理。不過，我和大衛·普萊斯（David Price）的小老鼠體外實驗顯示，兩者的關係其實遠超過這樣的上司下屬關係。皮質與視丘代表著腦內較不常見的一個現象：一場戀愛。

我的目標是研究大腦可塑性的機制，也因此我同時移除皮質與視丘的細胞，發現在早期發育階段，兩種細胞可以分開存活，因為雙方的關係還不穩定或不重要——它們尚未熟悉彼此，實際上尚未相互連結。但在發育一段時間後，我在兩種細胞連結後將它們分開，帶來了心碎的結果：皮質細胞與視丘細胞分開後，兩種細胞都萎縮死亡。

從發育早期到晚期，皮質細胞與視丘細胞逐漸適應彼此，基本上它們「陷入愛河」，再也無法離開彼此（和現實生活中的許多感情關係很像，有的走得下去，有的走不下去）。更有趣的是，它們之間的彼此依賴，就發生在注定會形成連結的那一刻，也因此如果我在視丘細胞遇見皮質細胞的三天前，移除視丘細胞，使它們處於隔離狀態，三天後，若是沒加進皮質釋放的成長因子（細胞成長所需的物質），它們就會開始死亡。換句話說，它們的「愛」是天生注定的。大腦這兩個部分的關係隨著發展階段變化，變得相互依存，極度群居，依靠彼此才能沐浴在成長因子中。如果說帕爾夫斯的研究顯示，神經肌肉接合處是不太需要做事的好當媒人，皮質與視丘則是「神經版」的全心全意、沒有你就活不下去的愛情。

好了，現在我們知道，神經適應性的時間框架有三種：短期（學習）、中期（發展）、長期（演化）。三種時間框架都提供了感知適應的機會，方法是型塑與再型塑支撐著行為的網絡。此三種時間框架的共通基本原則，開啓了用不同方式「觀看」的道路：心智會配合自己的生態！

心智會配合自己的生態！

生態的意思很簡單，就是「事物」與「事物存在的實體環境」之間的互動關係。生態其實就是**環境**的另一種說法，但更能強調組成元素彼此緊密連結、不斷變化的本質。由於我們的生態決定了我們將如何適應，以及如何在適應中創新，又因為適應意謂我們的大腦會發生實質變化，我們可以合理推斷，你的生態**實際上型塑了你的大腦**（被重新型塑的大腦，又會使你改變行為，再次型塑你的環境），帶來試誤的實證史，影響腦組織的功能架構，而你的神經組織又透過身體的實體互動，型塑周遭的世界。

看不見現實是我們具備適應力的基本原因。

你和你之後的所有感知，皆為直接的、生理的過往感知意義的呈現，而你的過往，又主要是你與周遭環境（也就是你的生態）之間的互動。各位正是因為無法看見現實，才有辦法靈活地適應與改變。各位要曉得，**看不見現實是我們具備適應力的基本原因。**

由於大腦持續專注於弄懂本身不具備意義的資訊，此一詮釋過程意謂你的神經過程是一個永不停下的參與世界的工具。這點解釋了心智為何神奇地具備了可塑、多變、可演化的本質。

所以說，結論是「**環境變了，腦袋也會跟著變**」。

那就是參與世界的結果，以及為什麼參與這個世界是很重要的一件事。

（只要不改變太多就好，因為以天擇的演化術語來講，太多的不熟悉可能導致無法良好適應，那可就糟了。改變幅度太大是一種相對來講的事：新手無法接招的大改變，對專家來講可能只是小事一樁。想一想，一樣是跑一英里路，對一個整天坐著的人來講，以及對受過訓練的運動員來講，兩者有什麼差別。客觀上，兩種體驗完全一樣，但實際跑起來天差地遠，取決於參與者的大腦與身體狀況。人生的挑戰在於找出自己的程度，接著考慮該如何逐步調整。本書後面的章節會再回頭討論這個主題。）

努力嘗試美好而亂七八糟的試誤，才能學習以創新方式脫離常軌，而這種參與有很大部分來自周遭環境的限制。每一個偉大的藝術運動，都是……**運動**。高度刺激感官的環境中，充滿著逐步升高的挑戰，以及不受限的實驗，推動著事物「向前」。科技也一樣。我們活在加速的年代，裝置與應用程式幾乎天天帶來變化，統合與強化著我們居住的虛擬與實體世界，創造出一個環環相扣的世界。科技與新創公司聚落，帶來美好到不可思議、有時橫衝直撞的參與式文化（社會生態）。每一次的成功，背後都有波瀾壯闊的試誤故事，每一次的失敗也一樣（後文會再提我們文化的超級「戀失敗癖」）。把參與當成「以不同方式」看的工具，除了是藝術與商業成功故事的核心，背後也有神經科學的證據。

我在加州大學柏克萊分校（University of California, Berkeley）念大學時，我的導師是極為聰慧的女性戴蒙德。我日後能成為神經科學家，沒因為一直蹺課去踢足球，最後真的被退學，就是因為她。戴蒙德老師是柏克萊第一位取得解剖學博士學位的女性，顯然自一九五〇年代以來，就具備不尋常的前衛性格。在我的大學時代，戴蒙德老師在學校很出名的一件事，就是在每學期開學第一天，帶一顆人腦去上課，我也碰到了。當時的情景，就和她在她的個人紀錄片裡一樣，頂著一頭銀髮，穿著優雅藍色套裝，戴著眼鏡和醫用手套站上講台，掀開一個大帽盒，裡面是……一顆**人腦**。大講堂擠得水泄不通，她對著哄堂大笑、感到驚奇不已的眾人開玩笑：「當你看到一個拎著帽盒的女士，你不會知道她帶著什麼。」接著高高舉起那團濕濕的、黃灰色的東西，讓所有人看個清楚：「希望各位裡頭看起來是這樣。」

戴蒙德老師啟發了我，她是貨真價實的好老師，不強調該看什麼，而是強調該怎麼看。戴蒙德老師在「看」之中，成為研究大腦物質方面適應性的第一人。二十世紀上半葉的主流科學看法認為，大腦原本是怎麼樣，一直都會是那樣——你得到基因給你的大腦，就那樣了，祝你好運！然而戴蒙德老師與其他人的研究與實驗，證實這種看法有誤。大腦會配合環境變好或變糟。大腦皮質在「豐富」環境中會變複雜，在「貧瘠」環境中則變得不複雜。

戴蒙德老師對於大腦形態與周遭環境的關聯深感興趣，進而研究大鼠的「強化典範」（enrichment paradigm）。她的實驗如下：一組大鼠被養在充當「豐富環境」的大籠子裡，裡頭放著定期替換的「探索物品」，增加新奇感與變化；另一組大鼠被養在充當「貧瘠環境」的小籠子裡，不擺可以刺激感官的玩具。老鼠在這樣的環境中生活一個月後，取出牠們的大腦做後續的觀察分析。戴蒙德老師找到決定性的證據，證明大腦不只在發育期被型塑，而是一生之中都有可能，也因此感知具備可以出現重大轉變的空間。

各位要是給自己具備可塑性的人腦不具挑戰性的無聊環境，大腦就會適應缺乏挑戰的情形，讓自己遲鈍的一面跑出來，畢竟大腦細胞會耗費大量能量，那麼做是有效的節能策略。反過來講，如果你給大腦複雜的環境，大腦就會回應複雜的情形，想辦法適應。戴蒙德等人發現，此一對應能力會釋放促成大腦細胞成長與連結的成長因子，豐富腦部的實體組成。

人類被**禁錮**在貧瘠環境時，人腦會配合環境的本質，展現令人心碎的黑暗面。在一九八〇年代晚期至一九九〇年代早期，羅馬尼亞孤兒院的生活條件震驚全世界。院內孩童的照片，自先前封閉、由獨裁者希奧塞古（Ceauşescu）統治的共產集團一角流至西方。許多孩童吃不飽，受虐，被銬在床上，關在過度擁擠的起居空間裡，不但被迫原地便溺，有時甚至穿著使他們全身無法動彈的拘束衣。那些孩童的成長環境極度不豐富，慘無人道。極度有限的人類接觸與強迫監禁，限制住孩童的認知能力，更別提情緒問題與心理問題。那些孩童離開環境貧瘠的寄養機構後，曾有研究檢視他們的神經發育，發現部分的「腦與行為迴路」（brain-behavioral circuitry）最終回歸正常標準，但記憶具象化（memory visualization）與抑制控制（inhibition control）則依舊未達一般水準。

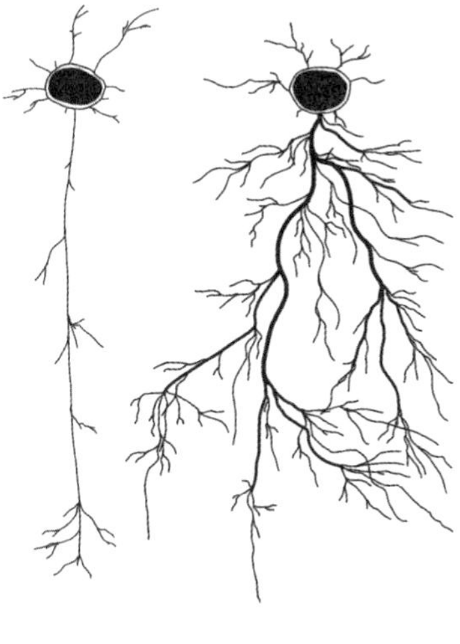

此一研究結果直接涉及教養，以及個人與集體層次的眾多錯誤育兒策略。我們常聽見引發熱門爭議的詞彙，例如：「**溺愛**」或「**直升機父母**」。我的確也認為，這類文化潮流有問題，不過身為神經科學家的我，除了關切目前的辯論，也希望大家能進一步了解我們的孩子需要的大腦，一起合作，創造出更符合兒童發展需求的生態。我們的社會可以考慮採取不那麼呵護備至的育兒方式。我自己也是一個父親，我的主張大概會讓各位以為，我的下一句話是：「**在我小時候，我們以前都光著身子在雪地裡走一英里上學！**」但那不是我想講的話。孩子從根本上需要**慈愛**，需要活在尖叫歡樂的氣氛之中。只不過對我來講，慈愛的意思，並非永遠不讓孩子滑下太刺激的溜滑梯，或是讓他們不會在人行道上摔倒或撞到柱子。正好相反，我們要給孩子空間做那些事（以及讓他們知道就算跌倒，大人會安慰他們），而且原因不只是要建立堅毅性格而已。這是一種神經學上的體驗，我們應該予以讚揚，尤其是現在我們知道，羅馬尼亞孤兒及全球其他各地不幸的孩童，是如何被剝奪四處探索所帶來的好處。大腦也想要柔軟安全的泡棉玩具以外的東西，需要學著被擊倒後站起來，同時培養立即與長期的復原力（盲童班・安德伍德過去經常在操場弄傷自己，校方要他打電話給母親，母親會要兒子繼續彈舌）。我們努力替孩子減少眼前的危險，卻可能因此帶來長期的危險。如果不停止這樣的教養方式，我們將製造出「適應困難」的世代，因為一個人如果在棉花中被養大，以後將變成棉花——蓬鬆、柔軟、易燃。

我們需要大自然裡的孩子！

然而，不只是我們的孩子需要擁抱風險——我們的文化也需要。

各位的「大腦的過去」，也包含**你的文化**的生態，畢竟文化本身只不過是大腦的另一個產物，一種思想與行為的集體呈現，所以文化也會藉由挑戰成長與適應。文化的豐富化通常以藝術的形式呈現，例如俄國作曲家史特拉汶斯基（Igor Stravinsky）的實驗性作品《春之祭》（*The Rite of Spring*），就是一個絕妙的例子。此一影響力極大的作品，可說是擁有音樂史上最傳奇的首演，時間是一九一三年的春天，地點：巴黎。

史特拉汶斯基是他那個年代的「性手槍樂團」（Sex Pistols）的成員，只不過他只有一個人。《春之祭》大膽的新式配樂，充滿前衛的音調與節拍實驗。在那個五月的首演夜，管弦樂團下第一個音後，「俄羅斯芭蕾舞團」（Ballets Russes）翩翩起舞，刺耳的音樂嚇壞觀眾，他們很快就變得怒不可遏。當時的報導指出：「劇院似乎因一場地震而晃動。」現場的音樂令聽眾坐立難安，他們出現我們完全不會和古典音樂會聯想在一起的舉動，大吼大叫，辱罵咆哮，噓聲四起，還開始互毆。警察很快就趕來。雖然台上還在繼續表演，最終仍淪為一場暴動。當時的樂評寫道：「這是史上最不和諧的音樂……從來沒有任何配樂像《春之祭》一樣，錯誤的音符被狂熱執著地演奏出來；從第一個小節到最後一個小節，你預期會出現的音符，從來不是下一個真正出現的音符，而是旁邊的音符，那個不該出現的音；不論先前的和聲應該帶出什麼和弦，永遠出現另一個和弦。」而這篇算是熱烈盛讚的好評！

然而，幾個月後，《春之祭》在七月再次登台，這次地點是倫敦，觀眾喜歡自己聽到的東西。倫敦觀眾沒有抵制，沒發出噓聲，更別說是暴動。只不過是過了**兩個月**（很湊巧，佩戴 feelSpace 腰帶的受試者，也是剛好過了兩個月後，開始以不同方式感知空間），文化的大腦皮質就被新奇的環境重塑。《春之祭》今日被視為二十世紀最重要的曲子。簡單來講，不只是人腦發生變化，集體的文化大腦也發生變化。兩者不斷重新定義著「常態」，每一秒都在創造出新常態，也因此雖然是相同的音樂，我們現代人聽到的音樂，和首演的觀眾不同。

我們不得不隨時適應這個世界，不過很諷刺的是，有時最佳的改變，就是學習如何不改變。不改變對大腦來講是一大挑戰。由於人類演化成不斷重新定義常態，一度獨特的事物將變得平凡（常態），也因此情感上，某個人一度吸引我們的地方（例如：大方、幽默感），終將感覺沒那麼神奇，成為可預期的常態。結果就是我們再也不覺得對方與眾不同，獨一無二，覺得對方本來就該那樣，把對方的好視為理所當然，甚至出現更糟的結果。當然，這種事有正反兩種可能：我們除了變得習慣對方的正面特質，也會習慣負面特質（對受虐女性而言，各種暴力不再是極端與恐怖的變態行為，而是「可接受」的常態）。不知不覺中，另一半的身體變得普通，笑容變得普通，愛情魔力消失不見，然而其實不必如此！

我們每次見到日出都覺得很美。我們得想辦法讓自己早上和另一個人一起醒來時，就像是看見日出一樣。如何才能讓這種感受歷久彌新？一種方法是一起從事新活動。那是有用的外在改變，但很大程度上也是內在的改變。碰上不停在讓自己習慣的大腦，我們可以應用什麼原則，維持住獨特感？答案是維持住大架構（我們通常會說是抓住「大方向」）。

下一章將帶大家了解，大腦所做的每一件事都是相對的。如果我們依據別人平均的樣子來看待他們，他們的行為自然變得平常（不論客觀上來講那個行為是好是壞）。然而，如果我們依據較為根本的基準線來看待對方（而不是依據他們平日的一般行為），就有辦法持續看見他們的性格與行為獨特的地方。舉例來講，「死亡」與「死亡引發的恐懼」，就是一種絕對的基準線。存在心理學家認為，我們所做的每一件事，都以某種方式與我們意識到死亡有關。我個人則認為，我們所做的每一件事都是基於不確定性。後文會再深入探索這個主題，本節我們只需要知道，大腦也有辦法「做到」恆常——雖然世界不斷變化，依舊有辦法持續見到相同的東西。不過，更重要的則是當感知產生變化，大腦開始適應時，也有辦法始終如一。

總而言之，大腦就像肌肉：「用進廢退」。近乎奇蹟的適應性案例，或是強化的感官運用，通常來自逆境，例如盲童班「看」世界的方式——但逆境不是必要條件。舉例來說，音樂家可以聽見其他人聽不見的東西。為什麼？因為他們讓自己的大腦，接觸不同於非音樂家的複雜史。他們從自己必須適應的不確定性開始，改變自己的聽覺皮質。俄國人眼中見到的紅色，比英語人士多很多，因為俄文提供的字詞選擇，帶來了更細的分法。德國把視障女性訓練成執行乳房檢測的「醫療觸覺檢驗師」。比起視力正常的婦產科醫師，那些女性有辦法偵測到更多腫瘤！以上種種都是偏離「常態」後帶來創新的美好例子，使我們得以進入感知的新世界。

不過，如果學習以最有效的方式參與自己的世界，打開通往創意的大門，不僅僅是這樣而已。下一章將揭曉，我們有多容易被「錯覺」影響，以及世上其實沒有幻影，一切與「情境」（context）有關。我們過往的感知，就是這樣連結至今日的感知。

The Illusion

第四章

錯覺的錯覺

of Illusions

*

前面幾章提到，資訊本身無意義，我們靠參與得出意義。接下來本章要談，感知發生的情境，決定了我們實際上看到的東西。為什麼情境會決定一切？

一八二四年時，為痛風所苦的肥胖法王路易十八碰上一個問題，一個與他的健康完全無關的問題。國王接獲一堆抱怨，說「哥布林皇家製造廠」（Manufacture Royale des Gobelins）出產的織品品質有問題。哥布林皇家製造廠是巴黎最負盛名的掛毯工廠，由皇室持有與負責營運。顧客宣稱陳列室擺放的美麗五彩絲線，和他們實際帶回家的成品不一樣，不是勃根地葡萄酒般的濃郁紫紅，青草地般的翠綠，太陽親吻過的金色。如果是在以前，這種事實在不是什麼重要的事，然而對中立派路易十八來講，提高民眾對宮廷的支持（與歲收）刻不容緩。先前的法國大革命，帶來把人送上斷頭台的動亂，路易十八流亡了一陣子，後來才在拿破崙打輸滑鐵盧戰役（Battle of Waterloo）後，於一八一五年繼位，在位期間致力於恢復皇室地位，也因此他需要科學家找出掛毯究竟出了什麼問題。

路易十八找來謝弗勒爾（Michel Eugène Chevreul）。

謝弗勒爾是年輕的法國化學家，很早就因為皂化反應

（saponification，利用油脂與脂肪製造肥皂）方面的成就，在正在興起的化學界成為名人。這個成就在今日聽起來沒什麼，肥皂隨手可得，便宜又好用，就連許多未開發國家都不愁沒肥皂。然而，對十九世紀初的法國來講，盤尼西林還要再過一世紀才會問世，細菌感染依舊能輕易取走人命，以工廠規模製造肥皂的技術，才在起步階段。此外，當時電力尚未開始照亮人們的生活，而謝弗勒爾的另一項成就是製造出亮度高的無甘油「星星蠟燭」（star-candle），使他成為當時「閃耀」的創新者。

謝弗勒爾原本可以靠著自己的發現，成為百萬富翁實業家，但儘管他名滿天下，他是過著簡樸生活的科學家，只對探究日常事物的本質感興趣。學生景仰他，同儕敬重他。謝弗勒爾年紀大了之後，頂著一顆爆炸頭，比愛因斯坦還早以亂糟糟的白髮形象聞名於世。他一天只吃兩餐，一餐在早上七點，一餐在晚上七點，剩下的時間都待在實驗室。八十六歲被問到這個習慣時，他解釋：「我很老了，但還有很多工作要做，不希望把時間浪費在吃東西。」

路易十八任命謝弗勒爾為哥布林工廠的新任廠長時，這位化學家還不到四十歲。為了找出掛毯究竟發生什麼事，他的確有很多工作要做，畢竟這實在是太不合常理。理論上，哥布林製造的是全球品質最佳的織物，卻有完全不明的原因正在破壞與改變它們——或是表面上似乎有這麼一回事。

我們可以想像，謝弗勒爾每天穿過有四根門柱的巨大工廠入口。織布機紗頭發出規律的震耳節奏聲，迴盪在寬闊廠房之中，接著謝弗勒爾把自己關進辦公室，想辦法解決國王指定的問題。對謝弗勒爾這樣的人來講，問題是一個目標，一個比食物還能滿足身心的目標。他日後回想：「我得研究兩個完全不同的主題，完成身為染料廠廠長的職責。第一個主題是顏色的對比……第二個是染色工藝的化學原理。」謝弗勒爾研發肥皂時，精彩破解了複雜的化合物，找出成分與構成方式。他的研究需要深深挖掘進事物的內部（這大概是路易十八認為他能破解掛毯謎團的原因——看透貌似騙人的織線表面，解開染料的化學成分）。謝弗勒爾的事業建立在玻璃與火焰上，他煮沸物質，在油脂煙霧布滿四周空氣時分析成分。然而，這套技巧首度令他踢到鐵板，染料裡並未藏著任何祕密。各位可以想像向來無往不利的謝弗勒爾有多沮喪。他的背景使他自然第一個想到以有機化學的方式研究，不過這下子他決定不再**深入**研究哥布林的紡織品，改將目光往外看——看向**其他的**紡織品。

謝弗勒爾開始追蹤來自法國不同地區與國外各工廠的毛線樣本，比較品質，但這個方向同樣是死胡同：他發現哥布林的紡織品確實是全球第一，也因此顧客的抱怨，絕對不是掛毯本身的材質出問題那麼簡單。他在想，該不會整件事其實和化學無關，甚至也和掛毯無關？萬一**顧客本身**才是問題所在呢？他們的問題不在於他們抱怨顏色，而在於他們**感知**顏色時出了問題，或許他們以「不正確的方式」感知顏色？謝弗勒爾的眼光銳利起來，「更深入」地看掛毯，專心研究**每一條線的周圍有什麼**。一樣的線，**卻有不一樣的顏色**，不同顏色的紡線樣品單獨陳列在展示廳時，和在掛毯上看起來不一樣。謝弗勒爾就是在此時「解開」謎團（得以找出為什麼）。

謝弗勒爾發現，此次的工廠危機，其實與掛毯品質完全無關，一切與感知有關。顏色不同的紗線，物理材質並未改變，然而顧客看到紗線時的情境改變了。顏色單獨看的時候，會和它們四周圍繞著其他顏色時，看起來不一樣（如同接下來兩頁中間的圓圈）。謝弗勒爾寫下自己的發現：「我發現所謂的黑色旁的顏色黯淡無光，原因出在相鄰的顏色，與**色彩對比**的現象有關。」掛毯內的顏色關係改變了每種顏色的外貌。不是客觀因素造成改變，問題出在觀者的感知。人們並未精確見到物質實相。

當然，不論是謝弗勒爾或任何人，都不曉得為什麼會發生這樣的現象。在十九世紀的法國，即便沒有顏色之間的實際互動，顏色也依然可以改變的概念，令人難以接受——我們今日的解釋更是過於前衛。當時的化學界，才剛脫離煉金術的魔法世界。不過不管怎麼說，有關於哥布林織品的抱怨，犯人顯然是某種奇特的人類生物現象。

一八三五年時，也就是謝弗勒爾著手研究十年後，他出版《色彩調和與對比的原理》（*The Principles of Harmony and Contrast Colors*），談自己這趟曠日廢時的奇妙旅程。他在緒論中提到：「尚請諸位讀者明鑑，每當本書提及『同時對比』的現象，也就

Michel Eugène Chevreul

Michel Eugene Chevreul

是當**A 顏色位於 B 顏色旁，A 顏色因 B 顏色產生變化**，意思並非那兩個顏色（也或者該說是呈現那兩種顏色的物質）彼此相互作用，不論是物理或化學上都沒有；那僅僅只是我們同時感知到兩種顏色時產生的印象，一種**在我們眼前發生的變化**。」謝弗勒爾認為，這個「現實」的改變發生在心智內，而非心智外——歌德的色彩光影理論，就是在此一思維的跳躍上跌跤。

謝弗勒爾的研究出現重大進展後，他的感知研究深深影響了其他領域，奠定今日的藝術家依舊在使用的色彩理論基礎，包括對比效應的研究。此外，謝弗勒爾提出的著名色環，讓人看到每種顏色的感知是如何受周邊顏色影響。

雖然好幾個世紀以來，畫家早已知道如何運用顏色並陳與周邊情境等繪畫手法，營造出視覺感受，這還是史上第一次藝術家能以共通的語言，討論人類最抽象的感知及感知互動。與謝弗勒爾同時代的法國畫家歐仁．德拉克拉瓦（Eugène Delacroix）曾經誇口：「就算你要我用泥巴畫美的女神維納斯的皮膚，我也辦得到，只要你讓我自由選擇皮膚周圍要畫什麼。」德拉克拉瓦是利用差點害哥布林工廠歇業的「錯覺」的大師，影響了日後據說更「真實」、但感知上比較不「逼真」的畫派——印象派。更為近日的現代藝術家，例如已經過世的美國燈光裝置藝術家丹．弗拉文（Dan Flavin）與英國畫家布麗奇特．雷麗（Bridget Riley），更是將視覺作品帶至新極限。弗拉文玩「殘色」的概念，故意不放進觀者以為自己看見的顏色。雷麗令人眼花撩亂的多彩畫布上，條紋與波浪的顏色和哥布林掛毯很像，也會因為相鄰的顏色產生變化（與之對比的是她更著名、同樣也「玩弄」視覺的單色作品）。

謝弗勒爾最終擔任染料廠廠長三十年，一百零二歲去世，一生擁有化學界最精彩的事業生涯，但依舊維持著勤儉的工作狂生活方式。當初找這位化學家調查掛毯的路易十八，則早已在一八二四年秋天過世，也就是他任命謝弗勒爾當廠長的同一年。路易十八沒活到顏色為何改變的解答出爐的那一天，不過對他來說，大概也算幸事，因為他也因此不必目睹幾十年後法國君主政體永遠解體。哥布林工廠的騷動事件並未影響法國的歷史，但的確影響了藝術史。

事情碰上感知時……就算只是「看見顏色」這個最簡單的大腦層面（如果在這麼基本的層面是這樣，「一路往上」的層面也一定都是這樣），謝弗勒爾的故事告訴我們……情境決定一切。可是為什麼呢？

情境決定一切。

要回答這個問題的話，就得懂大腦的運作方式，以及生而為人是什麼意思（順便也會理解生為蜜蜂或任何其他生命系統，是怎麼一回事，因為蜜蜂也會看見所謂的錯覺，牠們演化出和人類相似的感知技巧）。

大腦是貨真價實的連結型器官——一種最高等級的超級社交系統，專門處理關係。對大腦來講，世上沒有「絕對」，因為意義無法存在於真空。然而，雖然我們感知到的一切資訊本身無意義，然而要是少了成千上萬同時發生、彼此互動、模稜兩可的資訊，大腦便無從提供材料給自己龐大的解釋系統。協助大腦定義的情境與關係（例如洋裝事件中，影像中不同光譜區段之間的關係），永遠在變化。我們雖然無從接觸任何特定光譜刺激源頭的客觀現實，時空中同時發生的關係，提供大量的可比較資訊。我們的神經處理需要靠那些資訊建構有用的主觀感知反應。大腦必須察覺差異（或對比），才有辦法運作，人類感官若是無從得知不同關係，將會「關機」。換句話說，差異是我們不可或缺的東西。

以眼睛的運作為例，「跳視」（saccade）與「微跳視」（microsaccade）是指眼睛隨時出現的不自主迷你彈道運動。此類神經生理動作，就像顫動的掛毯（配合前文的例子），帶給我們順暢的視野。俄國的心理學家阿爾弗雷德．雅布斯（Alfred Yarbus）最先證明此一現象，他在一九五〇年代打造出一個「**發條橘子**」般的裝置，可以把人的眼睛撐住不動，拉開眼皮，給予視覺刺激後，藉由一個吸盤式的「蓋子」，追蹤眼球移動的跳視弧度與線條。雅布斯的裝置帶來看似素描、有如藝術作品般的抖動跳視線條，證實「運動」加「不停搜索差異」是產生視覺的必要條件。視覺需要對比的程度，高到我們可以問一個非常簡單的問題：要是少了對比會發生什麼事？答案是會變瞎。要是少了空間或時間的差異，各位將看不見東西。不信的話，你自己看（或不看）。

別擔心，接下來這個在自己身上做的實驗不會痛（又簡單）：用一手遮住一隻眼睛，另一隻手的大拇指和食指，輕輕放在另一眼的上方與下方（有卡尺的話更好，但各位怎麼會有那種東西？）。接下來，沒被蓋住的那一眼，用手指撐開。眼珠愈保持不動，就會愈快看見效果。請凝視一個靜止的畫面，頭盡量不要動。

以上步驟其實是在限制跳視動作，切斷大腦製造視覺所需的「帶來相對與差異的資訊流」。簡單來講，你停止供應情境的基本元素，阻撓大腦製造意義，也因此暫時失去視覺。很快地，你眼前就會一片模糊，出現斑點，世界消失不見，你的視野變成模糊的粉白色。好了，各位試試看吧。

如何？希望各位現在已經更了解在你的感知與你的世界之間，以及你的感官與你的大腦之間，所發生的所有看不見的過程。關鍵是我們讓眼睛不能動的時候，實際上是在讓時空無法出現變化／差異／對比，整個世界因此消失，就算眼睛是睜開的也一樣。大腦僅僅對變化、差異、對比感興趣，變化、差異、對比是等著大腦詮釋的資訊來源。不過，剛才我請各位做的「凍眼」實驗，帶來的是機械式的結果，各位可能在想，這和我在幾頁之前提到的情境有什麼關聯，哪裡解釋了「生而為人」的基本原理：關鍵在於大腦集合自己從情境中蒐集到的所有關係，**接著賦予其行為意義**。這是在換一種方式說，關鍵是行——行動將過去的感知與現在連結在一起。

各位可以回想一下前文提過的柏克萊主教。我們並未直接接觸到這個世界，這就是為什麼我們一定得參與這個世界——唯有靠著實際獲得經驗，我們才有辦法自無意義中創造出意義。我們製造的意義成為自身過往的一部分，那是大腦的感知資料庫。世界與世界帶來的經驗，提供了回饋，讓我們知道自己表現得好不好。大腦儲存住資料，記住哪些感知有用（曾經協助我們存活／成功）、哪些無用。我們帶著這個歷史前進，應用在每一個需要回應的情境，也就是幾乎是我們清醒的每一刻。然而，這裡要注意的是，可別混淆「有用」與「正確」。大腦記錄未來可供參考的資訊時，不是記下「對」的事。別去管什麼對不對，各位一定得拋開整個有關於「精確」的概念。為什麼？因為對感知來講，根本沒有什麼精確不精確這回事。

想像一下你是動作片裡的英雄——一個男間諜或女間諜。背景配樂震耳欲聾，在一個充滿腎上腺素的重節拍動作場景，你被壞人追殺到屋頂上，歐洲教堂的尖塔刺向天空，底下是熱鬧城市，你的心臟怦怦跳，眼看壞人就要追上，你穿梭在掛著濕衣服的曬衣繩之間，翻過一道牆，衝向**建築物邊緣**，該死的！你煞住腳步，看了看四周。要戰，還是要逃，你選擇冒險一試，跳過建築物之間高五層樓的深淵，飛躍至另一頭。你只有幾秒鐘時間，因此你往後退幾步，接著往前小跑，衝向建築物邊緣，跳起來飛過空中……成功落地！你辦到了。你吸一口氣繼續跑，準備好再次勇敢飛越建築物，壞人還在追，你的心臟依舊怦怦跳，但眼看即將順利逃脫。

事過境遷後，我們分析先前發生了什麼事，直覺以為是大腦**精確**判斷了需要飛越多少距離，才有辦法跳到另一棟樓上。然而，難道各位真的認為，自己的大腦是利用以下公式算出距離？

$$d = \frac{v\cos\theta}{g}\left(v\sin\theta + \sqrt{(v\sin\theta)^2 + 2gy_0}\right)$$

當然不是。前文已經提過，我們多數的感知出乎意料違反直覺。我們的神經網絡在演化史上，早已跑過這種追逐數百萬次，也因此大腦只需要**有效地**感知空間，你（動作英雄）的行為就能讓你存活。這是因為對大腦來講，判斷精確度實際上是不可能的。

情境連結著過往與現在，大腦因此有辦法判斷要做出哪一個有用的回應，但我們**永遠不會知道**自己的感知是否精確。各位的感知統計史，並未納入你的感知是否反映現實，因為這裡要再提一遍，你無法藉由沒有中介的途徑，就接觸到物體的源頭或真實世界的情境（你得飛越多少距離的客觀現實），你的感知使你無法接觸到感知的源頭。得知自己的實體世界感知是否精確的唯一辦法，是你必須能夠直接**比較**你的感知與現實的真相（truth of reality）。某些人工智慧（artificial intelligence, AI）系統就是以這樣的方式運作。那些 AI 具備「宗教」特質，因為它們需要一個如同神一般的人物（電腦程式人員）來告訴它們，它們的輸出是否正確，接著它們將此一新資訊納入未來的回應。人類的大腦則不像這樣。我們比較像「聯結主義式」（connectionist）的 AI 系統，沒有扮演上帝地位的程式人員，永遠無從直接得知有關於這個世界的資訊。此類系統會隨機調整與增加自己的「網絡」架構。能以「有用」方式改變的系統將存活，在未來也因此更可能繁衍後代（聯結主義式的 AI 系統和人類一樣，也會出現所謂的「錯覺」效應）。我們的感知大腦和聯結主義 AI 一樣，不具備接觸物質實相的管道——從來沒有，也因此無從得知我們的感知是否精確，我們從未以「不」模稜兩可的方式體驗這個世界。

不過，其實也沒差。

唯有我們賦予意義後（也就是給出回應，內在或外在的回應），行為才會具備意義。也因此唯有你的回應會透露你的感知假設，或你的大腦認為對眼前情境來講有用的事。大腦透過感官接收到的行為回饋，僅能幫忙評估結果——也就是大腦帶來的行為是否有用。以跳上另一棟建築物屋頂的例子來講，顯然有用，不過各位依舊會好奇，大腦與身體一開始是怎麼有辦法製造有用的跳躍，甩掉壞人。答案很簡單：把當下情境中當下的刺激，連結到相對應的過往情境（你過去在類似情境下碰上的類似刺激）。講得再更簡單一點：靠「過去」協助你處理「現在」——不是任何認知層面上的協助，而是一種反射。

由於來自五種感官的資訊模稜兩可，大腦得出意義的過程，必然來自實證（別忘了，前一章提過，此一重要的「昔日參與」發生在三種時間線上：演化、發展、學習）。我們的大腦得依靠此一歷史，才有辦法「看」，才有辦法知道哪些東西有用，進而增加未來能夠存活的可能性。事實上，在人生中幾乎是所有的情境下，接下來會發生什麼事的最佳預測指標，就是過去類似情境中發生過的事，也因此我們在所有情境下的感知，其實只是一種指標，一種判斷我們的回應實不實用的指標。實用度比客觀現實還重要。你想一想……

事關存活時，誰還有那個心思去管精不精確？！

各位找不找得到上圖中的掠食者？九成的資訊都給你看了，掠食者就在那。如果到現在還沒找到，你已經蒙主寵召。現在再看一遍：

有用的詮釋，代表著人類可以存活下來，這個詮釋因此被收進歷史，讓我們未來的感知知道該怎麼做。是否符合客觀現實，真的不是太重要，頂多是恰巧矇上。

從人類學習外語時會碰上的挑戰，也能看出大腦對於「有用」的永恆追尋，如何影響著我們的耳朵和嘴巴。許多英語人士不太會發西班牙文的「r」打舌音。幾乎所有嘗試學習外語的人，一般都會碰上不熟悉的聲音，著名的例子包括日本人講英文時，「hello」通常會講成「herro」。這是因為日本人真的聽不見「r」

與「l」兩個聲音的差別。背後的原因不是單純因為他們的語言沒有這些聲音，因為日語有。原因其實是他們的語言並不區分這兩種聲音。日本人並未擁有要做出區別的感知過往，也因此精確度（聽出這兩個聲音在客觀上不同）不重要。大腦因此被訓練成不必聽見差別，聽見差別沒有用處。

我們的色彩感知也能說明大腦依賴「有用」、不依賴「精確」。光實際上是一個線性光譜，然而我們的視覺皮質，卻把光分成可以形成一個圓環的四大類別：「紅、綠、藍、黃」。還記得小時候背的「紅橙黃綠藍靛紫」嗎？其實是一樣的意思，只不過多出來的「橙、靛、紫」，替「紅、綠、藍、黃」多添增了一點細微差異。由於人腦依據「紅、綠、藍、黃」四個類別處理光，我們看得見的其他顏色，僅限於這四色的有限組合（我們看不見「紅綠色」或「藍黃色」）。我們的感知接收光線的兩端——一端是短波長，一端是長波長——把它們彎起來，彼此碰觸，形成一個圓圈，造成這個連續體的頭尾，在感知上很類似，但實際上正好相反。

各位可以想像一百個隨機的人，他們

WE D
SE
REA
WE C
SEE W
WA
USE
TO S
THE

依據身高，從最矮到最高排成一排。排好之後，隊伍的一頭是最矮的一個兩英尺高（六十公分）小朋友，另一頭是最高的七英尺高（二一〇公分）大人。接下來，這群人繼續按照身高排列，但從原本的排成直線，變成頭尾相接，排成一個圓。這下子小朋友和七英尺高的大人站在一起。我們就是這樣看見顏色；從必須排成圓圈的角度來看很合理，但從客觀排列的角度來看不合理，因為這就像是把兩磅重的砝碼，放在一千磅重的砝碼旁。這就是為什麼我們對於一個顏色的感知，如果符合實際上的物理色，只不過是巧合。我們的大腦演化出來的處理方式，使我們無論如何都看不見現實。這也是為什麼會出現像「＃藍黑／白金洋裝」那樣令人想不透的視覺混淆與視覺差異。

人腦之所以演化成以分門別類的方式感知光線（有實用性，但一點都不精確），原因是這是極具效率的視覺刺激感知方式，可以省下腦細胞，用於其他感官的神經處理（蝦蛄要是離開目前讓牠們欣欣向榮的棲息地，改生活在其他環境，將無法通過天擇，因為牠們腦部被強化的視覺，意謂牠們沒有其他資源，例如可以在人類環境中生存的資源）。令人好奇的是，如同我、帕爾夫斯、湯瑪斯．波爾格（Thomas Polger）最先指出，人類的四色光線分類，就像製圖學的一個原理：只需要四個顏色，就能繪製出兩個相鄰的國家顏色永不相同的地圖。這個事實衍生出數學史上著名的「四色定理」（Four Color Theorem）。一百多年來，數學家前仆後繼，始終找不出證明，直到凱尼斯．阿佩爾（Kenneth

Appel）與沃夫岡．哈肯（Wolfgang Haken）終於在一九七六年成功。兩人利用電腦**反覆**測試四色定理，透過嘗試各種可能的組合（數十億種），證明你無法證明定理不成立。這是數學定理首度以這種方式證明，引發是否能算合格**證明**的激烈爭論。

感知很適合用地圖來比喻，因為從最基本的層面來看，人腦演化成我們的某種地圖集，這個路徑系統指引我們走向唯一的目的地：活下去！（也可以倒過來想，大腦「不」引導我們走向其他的一百萬個方向。那些方向全部通往同一個地點：死亡！）如果要用人類共有的例子解釋這件事，以及解釋「主觀感知 VS. 客觀現實」，或許「最尖銳」的例子就是……疼痛。

你摔下樓梯，手臂骨折，痛死人了。你切番茄的時候刀劃過手指，痛死人了。有人揍了你鼻子一拳，他*%@^媽的痛死人了！（注意到了嗎？雖然我插進四個亂碼，大腦已經編碼的過往閱讀情境，讓你依舊把「他媽的」三個字連在一起讀。）各位弄傷身體時，你**感受到**發生的事帶來的疼痛。然而疼痛究竟是什麼？那是某種可以客觀測量的東西，就跟光線一樣嗎？疼痛是否具備物理性質，可以存在於感知與經驗之外？當然沒有！

疼痛不是一種可脫離肉體的外在現象。如同我們在意識中體驗到的色彩與任何事，疼痛發生在腦中，絕不存在於其他地方。骨頭折斷後，你的手臂**內**並未出現感覺；大拇指流血時，你的皮膚**上**並未出現感覺；你的眼睛瘀青時，眼睛**周圍**並未出現感覺。當然，你覺得非常有感覺，但事實上那只是非常有用的感知

ON'T
EE
LITY.
NLY
WHAT
AS
FUL
EE IN
PAST.

投射。疼痛不發生在任何地方，只透過複雜的神經生理過程，發生在大腦裡（即便這點並不會使疼痛體驗更不真一點）。你的**痛覺受器**（nociceptor）是一種特別的神經元或神經末梢，接收傷害，將訊息傳至大腦也是成員的神經系統（痛覺受器並未平均分布在身體各處；指尖與乳頭等對觸覺特別敏感的區域，自然比手肘等其他區域擁有更多痛覺受器）。從這個角度來看，某種客觀的生理現象，的確與疼痛一起發生，然而我們接收到的是成因的意義，而不是成因本身。

為什麼我們感覺疼痛是一種事實，但其實只是一種感知？疼痛是你的身心與周遭世界討論危機與反應的對話。疼痛是你在當下的情境成功後出現的結果（或是不成功，此時比較像是被按下緊急按鈕），以及促使你行動的動機。疼痛並不「精確」，因為精確對人腦來講不可能也不重要。疼痛是警報器聲響，是攸關生死的官方聲明——確認我們一定得做點什麼！

所以說，疼痛是生理感知，自本身無意義的資訊中，製造出可以採取行動的意義，使大腦將其詮釋為必須保護自己的事件。我們以這種方式回應尖叫的痛覺受器史，是人類這個物種能存活至今的原因。以上種種可以歸結成一個重要原理，說出我們每一個行為背後是怎麼一回事⋯⋯

所有的感知，其實都只是大腦對於過去的實用性的解釋（「資訊的實證意義」）。這是一個科學上的事實。老實講，聽起來挺玄的。不過一切究竟是怎麼發生的？發生在哪裡？一旦了解人類感官很少倚賴外在世界，比較仰賴內在的詮釋世界，答案就很明顯了。

我們在前面〈引言〉那章提過，大腦用來「看」的資訊中，僅一成來自眼睛，其餘九成則來自大腦其他區域。這是因為每有一個自眼睛（透過視丘）連至初級視覺皮質（primary visual cortex）的連結，就有十個來自其他皮質區的連結。此外，每有一個眼睛（透過視丘）通往視覺皮質的連結，就有十個自其他路徑往回通的連結，大幅影響來自眼睛的資訊。從資訊流的角度來看，我們的眼睛和「看」的關聯不大，「看」其實是大腦的複雜網絡在弄清視覺資訊的意義。這就是為什麼「眼見為憑」（seeing is believing）這句英文諺語完全不正確：

IS SEEING BELIEVING

各位讀到什麼？

請將答案寄至

info@labofmisfits.com。

把你和現實分隔開來的程序，複雜到令人瞠目結舌，但也帶來令人屏息的成效，也因此我們必須問一個非常重要的問題：從無意義的資訊中看出意義是什麼意思？過去的意義如何有可能限制住目前的意義？為了解答，我們可以把色彩感知的概念，用在我們感覺本身帶有更多意義的一樣東西——語言。

接下來要請大家做的事很簡單，請讀出你看見的東西（大聲唸出來或默唸都可以）。

ca y u rea t is

各位大概讀出一個完整、連貫的句子：Can you read this?（你能讀出這個嗎？）再試一個例子。這次同樣請讀出你看到的東西：

w at ar ou rea in

我猜各位讀到：What are you reading?（你讀到什麼？）別忘了剛才的指示：讀出你看見的東西。我給各位看的是一串字母，然而各位卻讀出實際上不存在的字詞。為什麼會這樣？那是經驗在大腦裡造成的結果，大腦已經編碼英文中會同時出現的字母統計數據。各位的大腦應用了自己的語言經驗史，以過去會有用的方式讀，讀出不存在的字詞（就跟前文的「他*%@^媽的」一

四六%的人讀到「is seeing believing」，
三〇%的人讀到「seeing is believing」，
二四%的人讀到「believing is seeing」。

樣）。然而這裡要注意的是，即便句子用字母代替真正的字詞，各位之所以依舊能讀出意義的原因，在於以上兩個字母串本身不具備意義，它們是歷史與文化建構出來的東西，也因此我們再次回到前文「大腦需要關係」的概念：在不同字母中創造出連結。

以上的例子還有其他重要意涵：雖然剛才的字母串，的確可以看成「reading」（讀），然而還有其他可能性。為什麼你沒看成……？

what are you dreaming?

（你夢到什麼？）

由於各位剛才是在回應情境，你的答案因而受限。我營造出的情境，讓各位參與了某種形式的閱讀，也因此你的大腦想辦法以最有用的方式填空──想出「讀」（reading）這個字。這是非常合情合理的做法。不過別忘了，此處並沒有任何物理定律替我們製造出意義，字母與字串本身是隨意的。簡單來講，它們本身並無意義，只不過是透過歷史得到意義。各位的大腦依據你的感知史，給出最有用的回應，但那並非唯一的回應。

本書第一章的亮度對比練習顯示，我們並未見到實相，而是大腦依據亮度創造出意義。灰色方塊在我們的感知中變換顏色，即便客觀上來講它們其實並未發生變化。你的過往，有用地建構出當下不同的「明暗度」意義。現在我們比較理解背後的原理了，再來看一次灰色的感知。

在右頁的圖中，我們再度碰上灰色方塊，但這一次它們是房間地磚，地點是兩個單獨存在但十分類似的場景──兩個昏暗的空間。這次和上次一樣，由於「周圍事物」的緣故，灰色方塊看似是亮度不同的灰，但實際上是一樣的。好了，現在我們把燈打開，看看會發生什麼事。

別管兩個場景中最左邊與最右邊的地磚。在左邊的場景，請看桌上花瓶正下方的地磚。那塊地磚看起來接近白色。好了之後，再看右邊場景相同的地磚，就在茶杯的右方。這次看起來是深灰色，但實際上依舊是相同的顏色。

我剛才只做了一件事，只是改變了場景資訊，但你的過往經

驗所帶來的可能成立的意義，也隨之變化。以這個例子來講，左圖桌子下方深色周圍的「意義」是「影子」，右圖深色周圍則代表「深色地面」。我靠著改變資訊，**改變了**你的大腦利用感官資訊賦予**地磚的意義**。兩塊地磚周圍的地方沒變，但我透過改變房間的情境，改變了你對於那些地磚周圍處的詮釋。你看到的是大腦依據過往的統計資訊所形成的畫面。大腦依據你的過往行為，按照經驗，得出在相似的情境下，兩塊地磚可能擁有的意義。這個過程呼應了你剛才是如何將字串讀成「**Can you read this?**（**你能讀出這個嗎**？）」。你的感知使你有辦法以多種方式看同樣的東西，即便一開始似乎只有一種方法。接下來的兩張圖會讓各位看到，字詞和光線的意義是這樣，形狀的意義也是如此。

請看下方兩兩一組的桿子構成的四個角度。每一組的桿子都組成非九十度的角度，對吧？不對。

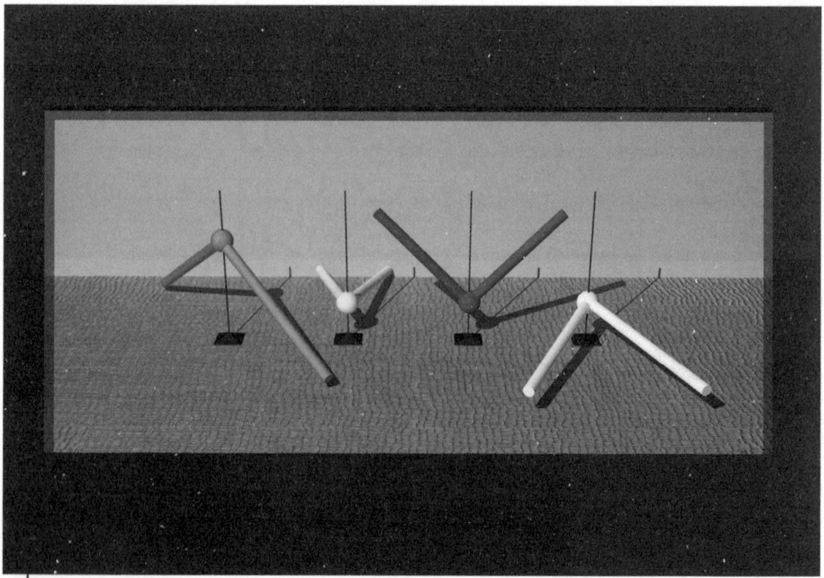

以上我帶各位看的每一個「錯覺」，讓我們了解到「過去」的實用性，如何影響著「現在」的感知。那個「過去」，來自很久很久以前的人類演化。然而，即便我們擅長穿梭於自己並未直接接觸到的現實，我們也得小心這個大腦演化出來的巧妙觀看方式，因為過去有可能把我們的感知困在過去。我們要再次回到謝弗勒爾的掛毯。

謝弗勒爾對於人類感知的深刻了解，以及他所提出的色環，影響著從他的年代起一直到今日的藝術，但不一定是以「好」的方式影響。我的意思不是謝弗勒爾的發現帶來不好的藝術作品，而是藝術教我們了解自身的方式有點問題，使我們誤解自己，無法好好地以不同方式看。

藝術家熱中於把自己製造出來的、有時會扭曲視覺的效果，歸咎給「人類感官的脆弱性」（the fragility of our senses），例如

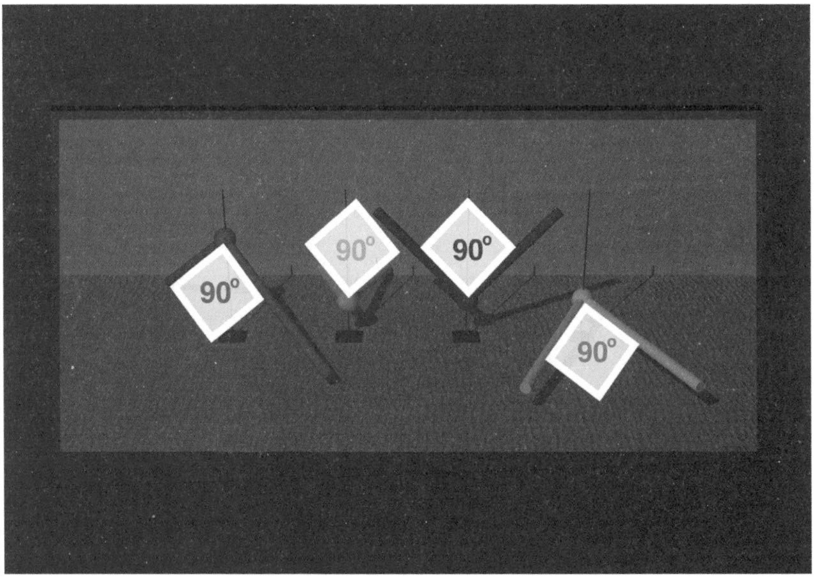

倫敦的泰特美術館（Tate Gallery），就是這樣解說二〇〇六年視覺藝術透納獎（Turner Prize）被提名人馬克・提奇納（Mark Titchner）的作品。然而才沒這回事，我們的感官並不脆弱。「脆弱」是某些情境下的感知感受，尤其是刻意使人迷失的情境。「脆弱」是一種描述，不是解釋。

感知不是一種隨機、未事先計畫的東西。感知非常系統化，甚至是一種透過行為連結「過去」與「現在」的統計過程。謝弗勒爾在一八三〇年代的法國發現，我們不一定會看見實際上存在的顏色，此一發現已經接近現實人生中的魔術，然而你知道魔術是魔術師在騙你——也因此謝弗勒爾的發現已經接近某種巫術。不過，魔術（或是所謂的巫術）的缺點是一旦你懂手法，就不有趣了。我們稱為「錯覺」現象的美妙之處，則是知道為什麼會發生那種現象後，反而使它們變得更有趣。然而，要理解所謂的感知「手法」時，這依舊不是全貌，因為先前我不誠實，把自己帶各位做的練習稱為錯覺，但錯覺本身……其實也是錯覺！

但錯覺本身……其實也是錯覺！

如果大腦演化成看見事物的實相，那麼是的，錯覺的確存在。然而，既然大腦並未演化成以精確的方式看，只以實用的方式看，那麼錯覺不存在。傳統的錯覺概念因而有問題，因為那暗示著人類演化成以精確方式看世界。各位現在已經知道，那不是我們演化的方式。我們看不見「現實」，因此我們演化成看見過往有用的東西。一共有兩種可能：每一樣東西都是錯覺，也或者沒有任何東西是錯覺。事實是沒有任何東西是錯覺。

為了以不同方式看，我們首先必須以不同方式看待「看」這件事。這邊講的「看」，不只是在視覺方面，而是更深刻、與人生有關的「看」，畢竟這個世界瞬息萬變，昨是今非，今日尤其如此，例如在科技與商業的世界，新發展似乎以曲速發生。情境永遠在變，也因此我們的知覺一定得跟著變。各位掌握自己的大腦原理後，就能看出過去的經驗除了悄悄造成偏見，甚至也創造出我們。體認到這點後，就能學著掌控自己的大腦機制，創造出新的過往，改變大腦對於未來可能性的理解。下一章將繼續探討這個主題。

基本上，活著只不過是在體驗一連串的試誤。活著是一種經驗。要成功的話，你需要在大腦允許的範圍下，隨時擁有眾多的可能性——與可能的感知。狹隘的觀點，將造成你能走的路很少，也因此要避免被困住的話，一定不能只是「re di g」情境，還得「dre mi g」情境。不過這點不容易辦到……因為從感知的觀點來看……你是一隻青蛙。

這不是一種比喻，我的意思是人類的神經處理與行為，出乎意料和青蛙很像，也因此我很喜歡 YouTube 上一支熱門影片，那支影片說出我們與青蛙有多像。在那支長二十六秒的影片中，一隻肚子餓的青蛙，一直撲向智慧型手機螢幕上的數位螞蟻，想用舌頭把螞蟻舔下來，沒發現（我們人類假設青蛙沒發現，但如果不是這樣，豈不是太有趣嗎？！）……沒發現自己其實是在玩一個叫「螞蟻搗蛋」（Ant Crusher）的遊戲。一隻又一隻的數位螞蟻經過螢幕，青蛙試著吃到牠們，直到最後那一關的遊戲結束了。主人去按「再玩一次」的按鈕時，憤怒（或只是飢餓）的寵物蛙咬了主人的大拇指。這支影片很好笑，但也說出許多事，因為從許多方面來講，人類**就像**這隻青蛙。我們依據過往的感知告訴我們的事，不斷反應，反應，再反應。然而要是我們骨子裡，只不過是困在自身感知與行為的青蛙，那麼人類心智不同的地方在哪裡？是什麼讓人類心智美麗？

The Frog Who Dre

第五章

夢想成為王子的青蛙

ed of Being a Prince

*

生活就是吃喝拉撒睡，不過我們也都知道，人生並不簡單。各位的大腦（以及任何生命系統的大腦）隨時都在做一個決定：靠近或遠離某件事。我們（與牠們）所選擇的反應，就和前一章提到的 YouTube 青蛙一樣，背後的依據是源自自身歷史的假設。所有的感知與行為都直接來自過去「看了有用」的事物。然而，我們的大腦究竟和青蛙如何**不同**？一定不同，對吧？人類的心靈為何美麗？（……答案會嚇各位一跳……）我們是一種幻覺的動物！

人類的心靈為何美麗？（……答案會嚇各位一跳……）我們是一種幻覺的動物！

幻覺的力量在於人類具備想像力。我們的感知是一個不停說下去、不斷發展、不斷產生變化的故事。大腦讓我們不只被動聆聽故事，還說故事、寫故事，而**寫故事**就是在產生幻象。我們是有辦法想像自己是王子或公主的青蛙（還有辦法把青蛙王子當成書中的隱喻——**這本書**）。不可思議的是，我們居然可以經由想像，**改變**自己的神經元（與歷史），進而改變感知行為。一個高度演化的大腦工具可以幫助我們做到這件事：**意識思考**

（conscious thought）。

我們的感知從不具備單一面向的意義，所有的感知都具備多層的意義：紅色是意義，紅蘋果是加在意義上的意義，成熟的紅蘋果是意義加意義加意義，不斷層層疊疊。這些層次不斷循環，因為我們有辦法「想著我們想著自己的想法」。雖然不是無限延伸，但的確可以讓腦子繞來繞去好一陣子，我們因而能在心中探索各種不同情境與可能性，甚至包括不當青蛙的可能性。人類的確每天都從青蛙變王子，從遠古的蜥蜴腦架構，一直到較為近日才演化出來的腦架構，我們同時運用代表著人類演化史中不同階段的各腦部區域。大腦帶來人類最美好的創造，但同時也是最大的憂慮與恐懼源頭。蘇格蘭傑出詩人彭斯（Robert Burns）在我個人最喜歡的一首詩中（最棒的欣賞方式是手上拿著威士忌朗讀），對著一隻老鼠講話：

老鼠和人儘管千慮，
必有一失，
徒留憂傷與痛苦，
美夢成空！

但比起我，你還算幸運！
你只有現在受難：
但是噢！我回頭看，

景象憂鬱！

往前看，儘管前景尚不明，

我猜想，我恐懼！

彭斯筆下的老鼠，其實代表著所有意識層次比人類少的動物，例如我喜愛的 YouTube 青蛙。從以前的格林童話一直到現代迪士尼，童話故事中的青蛙王子比喻，之所以能夠流傳數百年，原因在於人類的大腦，**不同於**兩棲類動物或其他動物的大腦。畢竟就我們所知，動物界沒有講人類的詩歌、故事，也沒有百老匯歌舞劇。人類和其他動物不一樣，我們的大腦使我們有能力想像各種世界、各種可能性。不過雖然人類似乎很特殊，順道提一下，其實有的蜘蛛也似乎有辦法想像捕食路線，踏上帶自己遠離獵物的路，迂迴前進後，才終於靠近。繞路其實是一種高難度的認知挑戰，很多狗兒辦不到這點，無數的狗主人碰過自家狗兒似乎被「困在」打開的柵欄的另一頭。也就是說……如同動物世界的多數事物……人類不一定獨一無二，但占據光譜特殊的某一點。

這裡要講的重點是：「**我們想像的故事深深改變著我們**」。人類有辦法經由想像故事製造出感知，進而改變自己未來的感知行為。這點可說是意識的重要功能，即便不是唯一的功能：我們靠著想像體驗，以不帶風險的方式演練。而且不只是想像現在，還能想像過去的事件。也就是說，想像和試誤（在真實世界中親身參與）互相呼應：**想像讓我們可以利用大腦，自內部改變大腦**。後文會再談如何做到這點，以及這點與「自由意志究竟存在哪裡」的關聯，不過本章我們先看人類奇妙的幻覺能力就好，那個使我們有辦法「脫離正軌」的能力。接下來的章節會探討，為什麼我們能改變意義之上的意義，進而改變自己的感知方式——感知是一門藝術。

一九一五年一個寒冷的十二月天，在俄羅斯近日剛剛更名的彼得格勒（Petrograd，舊稱「聖彼得堡」），藝術史出現創造新紀元的轉捩點時刻。俄國藝術家卡濟米爾．馬列維奇（Kazimir Malevich），在「多比契那藝術局」（Dobychina Art Bureau）舉辦一場名為「最後的未來主義畫展 0.10」（Last Futurist Exhibition of Paintings 0.10）的聯展。這位前衛藝術家是剛被命名為「至上主義」（Suprematism）的藝術流派奠基人，頂著往後梳的黑髮、目光炯炯有神。在這次的畫展上，馬列維奇公開和傳統一刀兩斷的一批畫作，當中有他自己的作品，也有別人的作品。馬列維奇生於烏克蘭，祖先是波蘭農夫。他全心全意相信藝術是生活的中心，綽號是「狂熱的小冊子作者」（fanatic pamphleteer）與「瘋狂修士」（mad monk）。對他來講，一九一五年的那場聯展，不僅僅是一場藝術展，而是趁機在大眾面前提出自己的前瞻思維。他當晚展出的作品，不像法國藝術家杜象（Marcel Duchamp）的《噴泉》（*Fountain*，一個真馬桶被擺出來當藝術品）那樣惡名昭彰，但同樣重要，替接下來的二十世紀抽象藝術揭開序幕。

「最後的未來主義畫展 0.10」在十二月十九日開幕，拋棄過去的藝術所追求的「真實人生」具象再現，以原始的幾何形狀取代。此一僅使用有限形狀與顏色的新藝術，試圖激發比現實主義更能帶來的強烈感受（品味高雅的浪漫主義畫家德拉克拉瓦，大概不會太喜歡）。當晚影響最深遠的作品，是馬列維奇後來被載入史冊的《黑方塊》（*Black Square*），畫如其名，就只是一個黑色方塊。三年後，馬列維奇在一九一八年跑到另一個極端，這次實驗亮色，不實驗暗色，帶給世人《白上白》（*White on White*）。那是他當時最前衛的作品，也再次是那個年代最突破極限的藝術品。《白上白》純粹只在一個白色四邊形上，放上另一個白色四邊形。

《黑方塊》與《白上白》能成為藝術品，甚至還是許多人心中承先啟後的重要作品，原因是馬列維奇不是在真空中創造藝術，他是在和美學史對話，與從前的藝術與概念交流：從古代的建築雕刻藝術，一直到後印象派的靜物畫（馬列維奇當然也是在和謝弗勒爾的色環對話，他不動聲色屏棄了色環）。馬列維奇主要是在挑戰藝術中約定俗成的「美」，他發表探討「破壞」與「再現」的歷史宣言，實驗人類心智如何回應圖像，目的是開啓新式美學，他的宣言指出：「對至上主義者而言，客觀世界的視覺現象本身無意義」。這句話除了說出藝術感知的事實，現在各位知道，馬列維奇無意間也點破大腦如何**創造感知**。「重要的事是感受，而感受相當不同於產生感受的環境。」

我們無法在《白上白》的顏料化學中，找到這幅畫的意義。剝除歷史後，這幅畫相當無意義——或至少是相當不同的意義（馬列維奇大概沒想要讓自己的標準，被用來評量他自己的作品，然而他的著名畫作的確是客觀世界的視覺現象）。這大概就是為什麼討厭抽象藝術的人士，至今依舊把馬列維奇當成「前衛的空虛」的高峰，其他人則繼續崇拜他，掏很多錢買下他的作品——二〇〇八年時，《白上白》在蘇富比拍出六千萬美元的高價。六千萬美元買**一個時刻的意義**。被買下的其實是「實證意義」與「被加在上頭的感知」，而不是畫作。畫作本身不具價值。此外，那個時刻的意義並非靜止不動，隨著未來的情境史不斷延伸，永遠在變動——如同隨著我們把未來的記憶加在現在的記憶上時，我們自己的記憶也不斷在變；每一個記憶的意義都是整體的呈現，而非個別的呈現。

請想一想**自己**的過往感知，《白上白》對你來說的意義是什麼？

客觀上來講，馬列維奇的著名畫作，只是畫名明明白白告訴我們的事——白色上面的白色，或是兩塊多多少少看起來像白色的顏色。這是青蛙會看見的東西，也是我們看見的東西。然而，我們同時也看到更多更多東西。人類依據意念（idea）活著，那樣的意念源自自身的生態，以及自身與環境的互動。意念是我們所見、所想、所做之事。

請「看一眼」四周。人類有哲學、原理與見解。我們有推特熱門話題，甚至還舉辦年度世界雙關語冠軍賽。從物質的角度來看，相關現象的「素材」甚至並未「真實存在」，卻是非常重要的感知素材。我們製造出來的這種層層疊疊的意義，深深影響著我們的生活。這就是馬列維奇想探索的事，他甚至在一九一九年的〈論博物館〉（On the Museum）中提出：「人們腦中會生出一團意念，那些意念通常會比實質的再現還更恆久遠（也比較不占空間）。」這團意念並未以任何實體方式存在，你無法拿在手中，只不過是文字雲與概念雲，但如果從大腦與感知運作的方式來看……以及從你如何能改變「看」的方式來看！……這團雲就和其他任何感知一樣真實，因為**那就是感知**：你吃下的任何食物的味道、你受的任何傷、你親過的每一個人。這解釋了為什麼文學學者能靠著「書寫作家喬伊斯（James Joyce）書寫《尤利西斯》（*Ulysses*）與《芬尼根的守靈夜》（*Finnegan's Wake*）」，打造研究生涯，也解釋了美國作曲家約翰．凱吉（John Cage）是如何靠著《四分三十三秒》（*4′33″*）這首曲子永垂不朽。這首曲子包含了四分三十三秒的……

寂靜無聲。

第五章　夢想成為王子的青蛙

各位剛才把「寂靜無聲」幾個字底下的空白頁，當成一種視覺的無聲，對吧？「聆聽」凱吉作品的體驗，迫使聽眾質疑「無聲」與「音樂」究竟是什麼，以及一種聽與另一種聽，是否真有不同。我們可以想像，有的聽眾會抓狂，認為《四分三十三秒》是一場做作的鬧劇，但也能想像，有的聽眾待在沒有樂聲的音樂廳時，突然了解每一個人都「靜靜」坐著時所出現的聲音，事實上說出了一個發人深省的複雜故事，那個故事探討了表象、一體、孤單、期待與藝術等概念，完全得靠你的大腦主觀感知賦予意義給一個開放詮釋的情境。這就是我所說的「幻覺」：人類心智有辦法創造意義的驚人能力——不只是從我們感知到的感官資訊中創造出意義，還從與視覺、嗅覺、味覺、觸覺、聽覺無關的抽象概念中得出意義。

幾年前，我和兩位朋友馬克・利斯格（Mark Lythgoe）與馬克・米奧多尼克（Mark Miodownik），有幸成為首開先例在倫敦南岸「海沃德美術館」（Hayward Art Gallery）展出「藝術作品」的科學家。那是一場弗拉文的回顧展，也就是前文我們在談謝弗勒爾與利用色彩感知創作時提到的藝術家。美術館撥給我和朋友一整間展覽室……在美術館後方。我的裝置藝術是一塊巨大的透明壓克力板，掛在二十公尺高的天花板上，離地一公尺。這塊大壓克力板上，嵌著小型的塊狀白色壓克力板，令人覺得是一片漂浮的方格，大約垂掛在離某道牆一・五公尺的地方。那面牆上掛著巨幅的白色畫布。從前面看過去時，那是我的版本的《白上白》：白色方塊被放置在後方的白色畫布前。

不過，不只那樣而已。展覽室的另一頭，吊著五個大型舞台燈，其中四個罩著不同顏色的彩色膠質濾色片，中間的燈是白色膠片。由藏在上方台子的電腦操控燈光，以紅色接白色、藍色接白色、綠色接白色、黃色接白色的方式打光，使垂掛的白色方塊各自在畫布上投射出兩道光影。在其中一道光影，僅有色光會打在上頭。在另一個光影，僅白光打在上頭。當然，彩色光影呈現的是照明的顏色，因為那是唯一打在畫布特定區域的光線。奇妙的是，畫布上唯一只有白光照著的地方（也就是「白色光影」），看起來一點都不像白色，而會是另一道光影的相反色，所以如果是白光和紅光同時照著畫布，「白」色光影看起來會是綠的！垂掛著的白色方塊突出於白色畫布前，構成我的 3D 版《白上白》。此外，這個作品還向歌德的光影致敬，玩白色的概念──也或者套用弗拉文的說法，那是「殘色」，也就是他的作品中實際上並未被呈現的顏色（各位也可以用兩盞普通的桌燈如法炮製，其中一盞燈用灰色濾色片蓋住，另一個用彩色濾色片蓋住。把兩盞燈對準一面白牆，讓照出的光重疊，接著把手放在兩道光前面，製造出投射在牆上的兩個手影。你看見的顏色，將提醒你情境決定一切）。

開幕的那天晚上，我摩拳擦掌，結果卻是災難一場。弗拉文的燈泡，令海沃德美術館的人員招架不住，線路短路，我的電腦當掉。也就是說，原本該照著作品的燈，一個也沒亮，也因此沒光影，一點亮光也沒有。作品呈現不出效果，已經夠糟了，雪上加霜的是會丟臉丟到家。美術館裡聚集著數百人，「全藝術界的人」都來了，而我的作品……嗯……「故障了」。至少是在人們看到之前「故障」了，因為「壞了」其實是一種見仁見智的事（畢竟這裡是美術館）。

我待在後方暗室，身體靠在後牆上，苦惱著是否該擺上「故障」的牌子。我的右方是通往展覽空間的一個大型入口（展覽空間除了我的白畫布，全部漆成黑色），一道微弱的光從入口滲了進來，照在我的作品上，帶來白畫布上一道非常、非常微弱的光影。就在此時，兩個看起來非常像藝術家的人士走了進來，停在我的作品前。他們站著不動……沒走開……端詳……走動了一下……思索，接著其中一人開始以精彩的方式，向另一人「解釋」我的作品：「注意看，這個作品巧妙玩了光的概念，影子在彼此之間浮現出來，製造出同中有異的效果，這個細微的差異帶來美感。太精彩的作品！」

當然，我的作品事實上故障了，但在兩名觀者的體驗中沒壞。他們重新賦予體驗意義的能力（的確是完全不同的意義），讓我免於出糗。他們當然從我的作品中看出意義，他們有什麼理由要假設這個裝置壞了？他們的大腦創造出意義，因此他們並未看見一個出錯的作品。

幻覺救了我。

如同我那次向弗拉文—歌德—馬列維奇—柏克萊致敬的經

驗，幻覺是大腦最強大與免不了使用的工具。幻覺是各位現在能讀懂這個句子的基本原因。我在本書的〈引言〉提過，我寫這本書的目的是讓大家意識到自身感知的源頭，在意識中創造出新一層的意義，進而在未來以新方式看待自己的世界與生活。這種主動的心智與情緒參與，啟動了以不同方式「看」。然而，出了意念的領域後，各位其實深深處於幻覺之中，不僅沒看見現實——還看見不存在的東西，不過這是好事一樁，各位看下去就知道。

然而，出了意念的領域後，各位其實深深處於幻覺之中，不僅沒看見現實——還看見不存在的東西，不過這是好事一樁，各位看下去就知道。

相信各位讀到現在，大概已經發現，本書右邊的那一面，右下角都有一個小小的菱形。那不是頁面裝飾——或不只是裝飾。那些菱形構成一本手翻書。

請各位靠大拇指翻完整本書，製造出一部小小的簡易版動畫電影。菱形會往右旋轉，因為當初就是畫成往那個方向轉。好了之後，再靠大拇指再次翻閱這本菱形手翻書，只不過這次要想像成往另一個方向轉，往左轉。可能得多試幾次才能成功，但如果你讓視線模糊，看著菱形的周圍，想像菱形的翻轉角度⋯⋯就會往左轉。

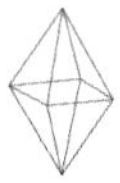

各位剛才見證了「幻視」（delusionality）。菱形依據你想像的方式左右旋轉；如果你想像往下看著中間的平面，菱形就會往右轉；如果你想像自己往上看著同一個中間的平面，就會往左轉。**你改變自己感知到的事物**。換句話說，由於你的大腦並未演化成看見實相，你可以主控自己**實際上**看見的東西。

如同各位剛才親身見證的那樣，想著自己的感知可以改變感知。要注意的是，各位剛才看到的菱形旋轉，當然實際上不存在，也因此你不只接收到一連串的靜止畫面，也接收到畫面之間細微的不同處，並將那些不同看成旋轉動作（一種被稱為「飛運動」〔phi-motion〕的現象）。各位看見的是變化的實證意義，而不是改變本身。若是少了這種幻覺，電影就不會存在。此外，各位靠自己如何想著這個旋轉，**轉換**了這個想像中的旋轉方向。聽起來像是嗑藥了！

別忘了，這裡只是在談簡單的運動。那更複雜的事物呢？菱形手翻書只是我們的神經容易出現幻覺的一個非常簡單的例子，可以解釋為什麼許多手機使用者說自己感覺到手機發出「幻覺震動」（phantom vibration），以及為什麼某些重度電玩玩家在下線後數天，出現被稱為「遊戲轉移現象」（Game Transfer Phenomena）的幻聽體驗。想像的力量可想而知。

我們能明白幻覺如何能讓人以不同方式「看」之前，一定得先了解「感知真實事物」VS.「感知想像的事物」時，大腦裡發生什麼事。為什麼了解兩者的區別如此關鍵？

因為兩者差別不大……至少本質上沒什麼不同。

待人親切、留著山羊鬍的史蒂芬・柯思林（Stephen M. Kosslyn），是前哈佛心理學教授，也是前衛美國高等教育創新「密涅瓦計畫」（Minerva Project）的創院院長。他開創性的 fMRI 研究，徹底改變跨領域科學家看待感知的方式，尤其是「想像心像（imagined imagery）」VS.「視覺心像（visual imagery）」。柯思林教授的重大突破是證明對大腦來講，**以視覺方式想像事物，和看見事物沒有什麼不同**。

各位要是平日有在關注運動訓練技巧，想必對這個概念不陌生。不論是奧運雪車（bobsledder）選手、高爾夫球職業選手或足球明星，許多頂尖運動員會花一定時間在心中模擬運動練習。這不是什麼新方法，但在近日之前，一直沒有扎實的科學證據證明這種方法有效。**運動想像**（motor imagery）是指以「心智模擬」（mental simulation）或「認知演練」（cognitive rehearsal）的方式在心中做某件事，但實際上沒去做，而研究顯示這種練習也可以應用在運動以外的領域。

柯思林教授表示：「以心理治療來講，恐懼症的治療方式包括利用心像（mental image）代替實際物體或情境，引導一個人『習慣』實際感知的體驗。你可以靠著『心智模擬』練習未來會碰上的事，利用這樣的模擬，決定如何把多樣東西收進旅行箱，或是移動家具。你可以利用這樣的模擬解決問題，找出處理問題的新方法。你可以靠想像物體或景象，改善記憶力，而且通常會出現驚人成效……已經有人研究過聽覺心像與嗅覺心像，兩者的研究都發現，感知與心智想像（mental imagery）期間啟動的大腦區域，大量重疊。」換句話說，我們可以在沒有風險的情況下，將心智想像運用在生活中每一個領域，克服社交焦慮，完成累人工作量，甚至在每週的撲克之夜稱王。研究人員正在將心智想像帶進不同領域，例如醫生將心智想像納入中風復健治療。

我們狹隘的傳統認知，把親身體驗當成**真實**，把想像當成**不真實**，但對大腦來講，「真實」的定義十分寬廣，兼容並蓄。從神經細胞的層次來看，身歷其境與想像**都是**親身的體驗。把握住這點後，其實憑直覺就能知道內在意像（internal imagery）（與幻覺）的效用。各位可以想一想「性奮」（sexual arousal）的例子。電影《謀殺綠腳趾》（*The Big Lebowski*）的影迷大概還記得，劇中的色情片大王傑基．崔霍恩（Jackie Treehorn）說過：「人們忘了大腦是最大的性感帶。」他的意思是說，想像裸體所引發的興奮感，效果可能和那個裸體就在眼前一樣。真實的性愛與想像的性愛（還包括愈來愈多的虛擬實境性愛）替大腦的相同區域帶來血流——身體其他部位自然也血脈賁張。

那麼心智想像可以如何輔助創意感知？答案再次與人腦編碼的實用史有關，以及此一感知紀錄如何影響我們未來的「看」。前文解釋過的感知基本事實，這裡依舊成立：我們並未見到現實——只看見過去「看了有用」的東西。不過，大腦的幻覺本質讓我們知道，影響著我們如何「看」的過往，不僅來自你在生活中體驗的感知，也來自你想像的感知，也因此各位可以光靠用想的，就左右自己在未來看見的東西。兩者的關聯是我們現在看見的東西，代表著我們先前看過的東西的紀錄，包括「想像的看」或「眼睛的看」（只不過影響不一定一樣大）。

這就是為什麼我們同時是自身感知的「體驗者」與「創造者」！

讓我們再回到前文的盲童班，以及他驚人的回聲定位能力。班為了適應環境，密集地一遍又一遍試誤，學習透過彈舌來「看」，進而改變自己的大腦結構。心智想像也會產生類似的過程，只不過此時試誤發生在我們體內。如果要強化大腦「肌肉」，除了要讓自己擁有豐富的實體環境，也要尋求豐富的心智建構環境。想像的感知型塑未來的程度，和實際經歷的感知一樣大，兩者都會以實體方式改變各位的神經架構（但程度不同，生活體驗通常擁有較強的統計影響），但不一定都是正面的改變，例如反芻思考（rumination）會使人「陷在」循環之中，反覆想著某次經驗的負面意義（而不是想著經驗本身），因而強化了大腦連結，造成那個負面意義不成比例地重要。

改變生態，大腦就會變。

如果說每次我們做這些在腦中成型的低風險思維實驗，它們會和體驗一樣被大腦編碼，我們必須再次思考前一章的重點：改變生態，大腦就會變。

想像的感知深深影響著「看」，它們也是我們環境的一環。以上這句話是在換個方式指出，情境依舊決定著一切，**但那個情境最不可或缺的部分在你體內**。你是你自己的情境。你的大腦除了回應外在環境中的複雜事物，也回應內在環境的複雜事物。如果你想像複雜、具備挑戰性的可能性，大腦就會適應它們。如同困在動物園展示區的老虎會出現展現焦慮的重複性轉移行為，如果你把自己的想像力關在無聊與神經質構成的鐵欄杆內（通常只是自己嚇自己，並非有根據的「事實」），你的大腦也會適應那些想像出來的意義。如同窄籠裡不停踱步的憂傷老虎，你的大腦也會不斷反芻負面意義。本來沒那麼嚴重，都變嚴重了。目前的感知意義成為未來意義史的一部分，與過往事件的意義（與再次定義）聯合起來，影響未來的感知。如果不想讓自己接收到的情境限制住可能性，你必須行走在最幽暗的林子裡（各位腦袋瓜中的那片森林），降伏帶來恐懼的念頭。

各位必須學著選擇自己的幻覺。如果你不選，它們會自己找上你（不過別忘了，當然不是所有幻覺都是可選的）。

各位必須學著選擇自己的幻覺。如果你不選，它們會自己找上你（不過別忘了，當然不是所有幻覺都是可選的）。

各位的大腦基本上是一種統計分布，經驗史提供了有用的過往感知數據庫。新資

訊持續流入，大腦持續將資訊整合進自己的統計分布，製造出下一個感知（從這個角度來看，「現實」只不過是大腦不斷演變的結果數據庫的產物），也因此你的感知取決於機率理論稱為「峰度」（kurtosis）的統計現象。基本上，峰度的意思是說，事情一般會在分布中愈來愈陡峭……最終偏向一個方向。不論是看當下的事件，或是看我們自己，萬事萬物的「看」都是這樣，我們會「偏斜」至某一種正面或負面詮釋。你很難從峰度高或偏度高的事物旁移開。換句話說，以不同方式「看」，不只概念上很困難，統計上也很困難。所以當我們說：「樂觀的人看見半滿的玻璃杯，悲觀的人看見半空的玻璃杯」，我們其實是在談數學，雖然就我來看，或許真正樂觀的人有得喝就很開心了！

好消息是，峰度可以對各位有利（雖然這要靠你選擇有用的幻覺，因為你也能選擇有害的幻覺）。關鍵是利用自己的能力，影響內在的機率分布。想像的感知會自我強化，也因此控制住想像的感知，你就能改變大腦的詮釋製造出來的主觀現實。統計上來說，如果你今日就正面思考，明天就更可能也正面思考。此一老生常談其實背後有科學依據。心理學家李察・韋斯曼（Richard Wiseman）博士率先有系統地研究機運，最後發現生活中一直「很幸運」的人士，具備共通的模式。幸運兒相信事情最後都會有好的結果，願意體驗新事物，不會一直回想失望的結果，以輕鬆的心態面對人生，把犯錯當成學習機會。各位大概不會意外，這種自我增強的感知與行為動能，用在負面的事也會有相同效果，你可以使自己變幸運，也可能使自己倒楣。

值得注意的是，儘管心像與想像可以帶來現在的可能性，或是重新賦予過去意義，它們是有限制的。舉例來說，雖然看見藍色本身是一種意義，你無法把藍色想像成別的顏色。那是你無法重新改造的感知，因為演化將之烙印在你的大腦中。也因此顯然我們的意識是在有限範圍內運作，只不過那些範圍通常是人造的，通常由他人所設下。然而，由我們自己設下的限制更麻煩。我們全都有過那種經驗（孩子最常碰到），我們問問題，結果得到的答案是「不行」。也因此我們想問……**為什麼**？我們提出的問題感覺非常合理，但我們提出質疑時，對方回答：「因為事情就是那樣！」，或是其他千篇一律、脫口而出的答案。他們的答案與這個世界的物理法則完全無關，只不過是編碼在他們腦中的假設而已。我稱之為「不的物理法則」（Physics of No），因為人們把那種答案當成自然法則。後文會再談我們如何能學著推翻「不的物理法則」。推翻成見並不容易，我們需要勇氣才有辦法想像與思考，不只挑戰他人，也挑戰自己。

有一件事非常有趣，我們在不同年齡會傾向不同的感知方向——不同的幻覺。近日的研究顯示，青少年看世界時，通常會讓自己看見的事符合自己的情緒狀態。他們難過或痛苦時（許多人回想自己那個年紀時的個人經驗，就知道少年強說愁是普遍現象），他們會尋找悲傷畫面，從偏向難過／痛苦的角度來詮釋自己的環境。以學術界的科學術語來講，青少年較難掌握「情緒調節」（emotional regulation）。這是一種神經學的解釋，我們通常開玩笑地稱為「少年的憂鬱」（teen angst）。要是沒有少年的憂鬱，世上大概不會有破洞牛仔褲，不會有「中二病」（emo）一詞，也不會有「超脫」（Nirvana）這樣的樂團。雖然從許多角度來看，這種憂鬱是一種文化上與個人的成年必經之路，高度傾向於負面幻覺統計分布的年輕人，一定得學著發展「調節技能」，因為自殺是美國十歲至二十四歲男女的第三大死因。

不過好消息是隨著年齡增長，我們通常會著眼在我們想要的情緒的事物，這對大腦來講是一種可以型塑未來感知的理想機率。這也是為什麼碰上令人想吐血的工作天時，我們會上網搜尋「夢幻假期」（而不是「離我最近的自殺大橋」）。不過，雖然我們的行為通常會隨著年齡增長，愈來愈「明智」，不代表不該繼續努力選擇自己的幻覺。失去親人、離婚、失業、中年危機等情境條件，有可能讓我們容易陷入當下無用的思考，自然替未來帶來更多無用的感知。此外，每一個人的大腦中都有自己獨特的統計「體質」。有的人比較靠近健康的調節者，有的人則無法調節情緒。不過，各位可以回想本書〈引言〉提到的晚宴實驗故事，我們輕鬆就能促發他人（甚至促發自己）進入更高／更低的影響自身行為的狀態。

與感知的這一面有著重要關聯的概念是「**確認偏誤**」（confirmation bias），也稱為「我方偏見」（myside bias），顧名思義應該可以猜到是什麼意思。這其實是人類一種相當不證自明、不是很美好的習性。我們聽不進別人的話，只聽自己的話，更別提我們集體對大自然裝聾。確認偏誤是指容易接收到能夠確認自身既有觀點的資訊。你爭論的方式（以及在爭論中抓到的重點），以及你在人際關係與工作上的行為，都會出現確認偏誤。確認偏誤甚至會依據你怎麼看自己（經常不正確），組成你記得的東西，影響你的記憶。不只個人會有確認偏誤，就連社會團體（social grouping）也一樣。政黨、侵略主義、運動迷與宗教全都逃不了**認知偏誤**（cognitive bias）。這樣的偏誤還影響了整體人類的歷史，例如性別。歷史上，西方社會女性的重要性被貶低（教育、專業、人權等各方面），背後的原因有很多，除了男性錯誤宣揚自己的能力，就連女性自己也內化了那種看法。

確認偏誤帶我們回到本書的基本大前提：我們沒有接觸現實的管道——我們感知到（或是以確認偏誤來講，我們**找到**）自己熟悉的現實版本——那點通常能讓我們感覺良好。舉例來說，如果你問滿屋子從人口中隨機挑選出來的人（尤其是男性）：「你們誰的開車技術比一般人好？」絕大多數的人通常會舉起手，但不好意思，那是不可能的。不可能每一個人都優於平均。依照定義，如果是均勻抽樣，一半的人口一定低於中位數，那是中位數的基本概念。同樣地，研究顯示我們自認願意做出無私高貴舉動的程度，遠遠高出真實意願（卻低估同儕大方的程度）。**我們認為自己是最偉大的英雄！**

我們對自己的偏見經常視而不見，非常難以察覺自己有偏見。亞由．亞當（Hajo Adam）與亞當．賈林斯基（Adam Galinsky）二〇一二年發表了今日很出名的研究，兩人在做一系列測驗專注力的心智練習時，發現穿著「醫師白色實驗袍」的受試者，表現勝過「穿便服」的受試者，也勝過穿相同實驗袍、但被告知那是「畫家袍」而不是「**醫師袍**」的受試者。這個領域的研究被稱為「衣著認知」（enclothed cognition），顯示不只是他人會依據我們的穿著打扮，投射期待到我們身上，就連我們自己也會投射類似的期待，直接影響著自己的感知與行為——這又是另一個幻覺的例子。亞當與賈林斯基的實驗以很有力的方式證明促發效應：一個刺激（穿實驗袍）碰上隨後的刺激（注意力測試）時影響了行為與感知。也就是說，我們借助自己每天穿的衣服，除了在別人面前「打造出品牌」，影響他人對待我們的方式，我們也參與了威力強大的「**自我**品牌打造」（self-branding）。

不只是科學家對「促發」或「閾下刺激」（subliminal stimulation）很感興趣，行銷研究人員自然也很熱中。想到我們並未掌控著自己的購物衝動（更別提其他千萬種行為），實在是很嚇人。研究已經證實，如果播放法國音樂，人們購物時更可能購買法國酒。出了人為的實驗情境後，在「野外」的日常生活中也一樣。窮孩子眼中的硬幣，大過富孩子眼中的硬幣。人們身體累的時候，眼中的山會變陡峭。一個人扛著重物時，要走的距離感覺比較長。此外，在我們眼中，我們想要的物品離自己的距離，一般比實際距離短。顯然大腦裡非常基本的感知層面發生了威力強大的事——那就是為什麼我的「怪奇實驗室」二〇一二年在倫敦科學博物館設計實驗，在我們有如夜店般的對外開幕夜（我們稱來訪民眾為「晚起的鳥兒」〔Lates〕），探索這個現象。

實驗由實驗室怪咖成員理查・克拉克（Richard C. Clarke）執行。各位其實已經熟悉部分實驗內容。還記得第一章的明亮度對比「錯覺」嗎？由於周圍的顏色不同，我們有時看見淺灰，有時看見深灰？這次我們運用了相同的「測驗」，只不過目標不是證明受試者沒看見實相，我們想研究的是權力感如何影響感知。我們已經知道幻覺深深影響著大腦執行的複雜任務，例如增減一個人的自尊心或決定要買什麼，然而與某種目標無關的較基本的低階感知呢？幻覺是否在生理上不只影響似乎較為高階的青蛙王子認知過程（cognitive process），也影響較為基本的青蛙感知過程（perceptual process）？如果是的話，那麼幻覺在感知的每一個操作層面都扮演著關鍵角色。

感知亮度是大腦最基本的視覺任務，也因此我們的實驗室認為可以拿來檢視我們的假設：一個人的控制或權力狀態確實影響著低階感知。首先，我們找出自願參加的實驗受試者，從五花八門的科學展覽品旁拉走遊客，也從提供音樂表演與雞尾酒的「大腦酒吧」（Brain Bar）拉人。找好人之後，一共有五十四位自願者，隨機分配至三個不同群組：低權力組、高權力組、控制組。分組要做什麼？促發（prime）他們。

我們利用常見的書寫與回憶促發技巧，告訴受試者，他們將參與研究過往事件感知的實驗，請他們寫下一篇短文。高權力組寫下有壓力但感到能掌控的回憶。低權力組也寫下感到壓力的回憶，但卻是無能為力的情境。中立的控制組成員寫下他們今天為什麼會來參觀科學博物館。三種非常不同的促發，理論上可以帶來三種很不一樣的幻覺。

好了，現在三組人有三種不同的「自我偏誤」（self-bias）——或是以控制組來講，沒有偏誤——我們展開明亮度對比測驗（我們告訴受試者，他們參加的是記憶實驗，他們以為這個明亮度測驗與自己參加的實驗無關），每一位受試者都看見置於八種不同情境中的灰色「目標」。順序是隨機的，灰色被不同的顏色、形狀包住，放置於不同的相對位置，但光譜儀測出的灰色亮度都一樣。受試者以數字為每一個目標的亮度評分，我們因此有辦法量化他們的大腦建構出的主觀、受促發影響的灰階「錯覺」感知，接著把受試者送回我們怪奇實驗室舉辦的「博物館之夜」（Night at the Museum），並偷偷猜測我們將得知的實驗結果。很快地，分析完數字後，我們得出極具啓發性的研究發現。

先前的研究顯示，低權力狀態者處理複雜感知任務的能力下降，這次我們發現「感知亮度」等基本過程則剛好得出相反的結果。平均而言，被促發「低權力」情緒狀態的受試者利用情境視覺線索的程度，高過「高權力組」與「控制組」。「低權力組」的大腦從無意義的刺激中得出意義的能力，被我們刻意植入、目的是使他們感到缺乏主控權的幻覺**強化**。他們想要找回權力感

（也就是控制感）的演化需求，以及因而建構出來的有用知覺，以比其他組強烈的方式影響著他們，使他們相較於同伴，有辦法以不同方式看。他們的行為因此很像兒童，兒童以較為強烈的方式看見錯覺。從某個角度來講，孩子比較願意「相信」，也因此他們的心理狀態以更強烈、更有系統、更偏向統計的方式，影響他們的感知與現實。簡單來講，處於低權力狀態的人會出現試圖增強自身權力的行為。

權力甚至會改變你的眼動，進而改變你看待一個畫面的方式。處於不同狀態的人實際上以不同方式看事情。舉例來說，低權力者會看著背景，高權力者會看著前景。由於我們看到的東西，影響著我們感知到的畫面統計資料，權力會影響我們的「靈魂之窗」看的方位，也會影響我們如何在世上移動我們的「活動房屋」。知道自己有多容易被暗示，以及知道感知的幻覺本質可以使我們「幸運」或「不幸運」，有點嚇人，但相關行為合情合理。一個人如果事實上處於低權力狀態，他的行為會傾向於重新獲得掌控權，也因此研究顯示，「背景心情狀態」（background mood state）也強烈影響著我們的決策。重點是我們的大腦雖然在許多方面都有驚人能力，大腦也使我們脆弱，只不過那種脆弱本身可能有用途。接下來的章節將解釋如何積極運用大腦來協助自己，而不是給自己絆腳石，讓大腦帶來新點子與前所未見的創意。我們能做到這樣的事，是因為我們有意識——大腦會調整自己。

為了打破自己「不的物理法則」，不再一朝被蛇咬，十年怕草繩，各位必須接受一個關於自己的基本事實：你的心中充滿假設！有的假設深植腦中，深到少了它們你就動彈不得，一步都跨不出去，沒有它們你活不了。這些假設來自你內在與外在的試誤經驗史，必然侷限著你的思考、行為與感受。問題在於你有可能因此毀掉自己的人際關係與職業生涯。那要怎麼辦？離開對你不利、甚至只是遠離自己熟悉的行為，始於非常簡單的第一步（不是這個步驟做完就沒事了）：覺察（awareness）。意識到自己有假設，意識到假設定義著你，不能是：「沒錯，我知道**所有人**都有假設……但我不一樣……」必須是真真切切意識到這件事，主動**把自己意識到的事應用在生活之中**。接下來的章節會談，這種程度的自覺，將是改變一切的重要工具，你不僅會開始改變自己的大腦與感知，整個人也將煥然一新。

The Physiolog

第六章

假設的生理學

of Assumptions

*

你能否想著一顆沒顏色的蘋果？

幻覺是製造強大新感知的重要工具，因為幻覺使我們能從內部改變大腦——進而改變未來的感知。然而，如果說人腦是演化帶來的學習試誤史的化身，所有的感知都是反射性反應，怎麼可能有任何人能夠改變自己的感知？即使是想像力最豐富的人？畢竟我們都知道，過去就是過去了，不可能改變。已經發生的事，就是已經發生了。不過，心智的運作沒那麼簡單，因為我們同樣也知道，我們不曾記錄下現實，更別提時間的現實。

我們的大腦帶著走向未來的東西，不是真實的過去——絕對不是客觀的現實。各位的現實感知史，帶給大腦顯現在大腦功能架構上的反射性假設（reflexive assumption），藉以感知此時此地。這些假設決定了我們的想法與行為，協助我們預測接下來該做什麼。值得注意的是，這些假設另一方面也決定了我們沒想、沒做的事。脫離情境時，我們的假設沒有好壞可言，假設構成了我們——集體的我們與個別的我們。

人腦演化成有假設對我們來講是非常幸運的事，然而許多假設似乎常常就像我們呼吸的空氣：看不見。當你坐下，你假設椅子（通常）不會垮掉。你每走一步路，你是在假設地面不會塌掉、自己不會軟腳、腳踏在身體夠前方的地方，以及你以足夠的方式改變了體重分布，使自己有辦法往前（畢竟走路其實是一種持續的跌倒過程）。這些都是必要的基本假設。

想像一下，如果我們得靠用想的來走路、呼吸，或是做其他所有非常實用、但不經思考、大腦讓你不必費力就能執行的行為。如果每一個步驟都得用想的，我們大概一輩子都會動彈不得，因為注意力一次只能導向一個任務（感知神經科學稱之為「局部」資訊〔"local" information〕），但也是因為優先順序的緣故：如果你得思考每一個讓你能繼續活著的動作，你大概會想要把多數時間用來想著讓自己的心臟持續跳動，讓肺持續呼吸，睡眠因此變得不可能。我們不必靠意識來讓心臟持續跳動，原因是大腦扮演著指揮中心的角色，替身體控制著內建的生理假設。若是不得不把大量的思考能量，用在此類任務，將不利於在變動的世界中生存，也因此我們並未演化成以此種方式感知。

那麼究竟是什麼在引導我們的感知——大腦提取的過去是什麼？答案是人類這個物種，在當下這一刻之前的千萬年間，發展出的一套基準自動假設（baseline mechanical assumption），不只是呼吸如此，我們的視力也是如此。我們和其他動物一樣，生下來的時候就已經「帶有」許多假設（例如物理定律）。這就是為什麼我們人類的眼睛無法突然被重新設定，改成擁有蝦蛄的視力；我們發展成處理光線時，只能採取對我們的物種來講最有利的方式。不過，大腦預先設定好的假設，並不是全部都如此基本（所謂的基本，是指「基本功能」；它們顯然十分複雜），因為我們人不只像青蛙，還像火雞。

火雞來到世上時，當牠們的視網膜接收到和猛禽一樣的形狀，有可以保護自己的內源性反射，即便先前沒有相關的視覺經驗也一樣。一九五〇年代有一場奇妙的實驗，測量小火雞的恐懼反應，結果猛禽的輪廓會嚇到小火雞，鴨子的輪廓則不會。小火雞「就是知道」。類似的例子還有近日的研究顯示，人類天生就恐懼蛇，那種恐懼是一種過去協助人類生存的適應假設，今日也依舊適用，我們自永遠不會見到面的祖先那兒繼承到這點。同樣地，在一場維吉尼亞大學（University of Virginia）主持的研究中，研究人員測試學齡前兒童與成人對不同視覺刺激產生反應的速度，結果大人小孩都對蛇產生「注意力偏誤」（attentional bias），發現蛇的速度，快過發現不具威脅性的刺激，例如青蛙、花、毛毛蟲，顯然人類生下來時並非白板一塊。

「白板」（tabula rasa）的概念源自古老的辯論。我們想知道，人們是如何成為現在的他們，又是怎麼會過著最後過的生活。不論是哲學家、科學家、政治家，人人都爭辯過這個主題，因為這個主題涉及基本的道德議題，影響著建立平等社會的最佳方式。我們是先天或後天的產物？我們來到世上時，是否個性與體質已經預先設定好？也或者我們的經歷與環境造就了我們？相關討論背後的邏輯是如果我們知道這個問題的答案，就更能解決社會上的惡。然而，這個問題問錯了，因為神經發展領域研究（尤其是表觀遺傳學）顯示，答案不是先天，不是後天，也不是先天和後天都有，而是先天與後天之間的**持續互動**。基因並未編碼特定特質，而是編碼「細胞、細胞環境、非細胞環境」三者之間的**互動**機制、**互動**過程、**互動**元素。遺傳與發展的本質是生態過程。

以上是神經基因學的主流說法。若是研究大腦內部的發展，自然會得出這樣的結論。大腦內建「成長方式」與「要長出什麼」的大致藍圖，然而實際出現的成長類型，具有出乎意料的適應性。如果將一片視覺皮質移植至聽覺皮質，被移植的細胞將表現得有如自己是聽覺皮質細胞，包括與其他聽覺區建立連結。對視覺皮質來講，反過來也一樣，例如被移植的視覺皮質，將與丘腦內部不同的核建立連結，但如果繼續留在（初級）視覺皮質則不會。同樣地，被移植的視覺皮質也會和不同的皮質區形成連結，但如果繼續留在視覺皮質則不會。被移植的視覺皮質就連內部過程架構都改變。舉例來說，視覺皮層的中層細胞被來自右眼**或**左眼的連結控制（「眼優勢柱」〔ocular dominance column〕），但如果正常（naïve）視覺皮質區被移植至聽覺皮層，將不會形成此一連結模式。細胞性質、細胞群體與細胞連結加在一起，決定了細胞的功能，以及細胞在細胞「社群」（很類似社群網絡）中所扮演的主要角色。此一生理現實也是一種生物學原理：系統由「它們先天的性質」與「它們在時空中的外部關係」之間的**互動**定義——不論是皮質中的細胞，或是大型社會／組織中的個人都一樣。也就是說，我們每一個人的「意義」，一定由我們內部與外部的互動定義。所以說，發展中的視覺神經元跟我們一樣，在特定的細胞期間內，多半是「多能的」（pluripotent，具備不同潛在用途）（和個人特質很像）。神經元和我們一樣，被自己的生態定義。然而，這樣的情境彈性不代表我們的板子是空白的。我們每一個人的板子上都寫著相同的基本假設。為了感知與生存，我們必須有假設。

此外，另一個被編碼的假設是我們會尋求**更多、更多的**假設。

各位的大腦會儘量從經驗中得出假設，希望找出各種情境都適用的萬用原則（就像物理定理一樣）。以高度為例，奇怪的是，人類似乎不是天生怕高，生下來就知道高處可能有危險。近日的研究利用籃中貓咪等實驗採用的「視覺懸崖」研究法，發現嬰兒雖然避開高處，他們並未自動出現恐懼反應。然而，生活中的經驗會使我們累積層層疊疊的假設，例如爸媽在我們走近懸崖時對著我們大吼，或是我們從上鋪摔下來弄傷自己，人逐漸學會敬畏高度。不論我們最初為什麼開始小心高處，日後我們就帶著非常實用的假設，讓自己過著更安全的生活。那感覺像是常識，因為的確是，但我們的大腦不是生下來就有那種常識。其他**成千上萬**影響著我們的行為的低階假設，與肉體能否生存無關，與我們能否在社會上生存有關，不過依舊真真實實存在。

各位的眼動過程，理應和地球上其他每一個人類一樣，對吧？畢竟我們每個人的大腦都擁有相同的視覺處理硬體，軟體應該也是一樣的。我們直覺這麼認為，但其實不然。人類其實是依據自己來自哪裡，利用不同的「程式」，執行「看」這件事。二○一○年有一項令人意想不到的有趣實驗，大衛・凱利（David J. Kelly）和羅伯托・卡德拉（Roberto Caldara）發現，來自西方與東方社會的人，兩者的眼動不一樣。兩人表示：「文化影響著人們在視覺世界中移動眼睛擷取資訊的方式。」亞洲人以較為「整體」的方式吸收視覺資訊，西方人則較為「分析性」（但兩者辨識臉孔的能力沒有差異）。西方文化把重點擺在有自信地處理個別元素或「主要物體」（salient object）的資訊，符合高度個人主義的文化。東方文化則賦予團體或集體目標較高的重要性，造成他們被「區域」吸引，而不是留意臉部特定的單一五官。實務上，亞洲人平均而言比較會把視線集中在鼻子區域，西方人則受眼睛與唇部吸引。不同的眼動會大幅影響感知，因為我們「看著」的東西，限制了大腦用來得出意義的資訊本質。改變輸入的本質，將限制潛在的意義。以這樣的方式在社會上學到的假設與偏見，影響著我們的大腦灰質，進而影響隨後的感知與行為。然而，我們個人的假設與偏見，是在不知不覺間源自更大的文化假設，我們甚至不知道它們存在我們腦中。

其他型塑著感知、甚至影響人生走向的重要假設，也是自社會上習得，但相較於比較難察覺的眼動，從那些假設對行為造成的影響，就能發現它們的存在。最明顯的例子就是每一個人來自的環境，一個大家或多或少都有共通點的事：家庭。

跟各位介紹一下查爾斯。查爾斯一八〇九年生於英國施洛普郡（Shropshire），在家裡六個孩子中排行老五。這個來自富裕家庭的可愛英國小男孩，有著紅通通的小臉蛋，還有一頭棕色直髮，喜歡爬樹，整日與大自然為伍。他蒐集甲蟲，從小精通自然史，和哥哥姊姊不一樣，常常質疑傳統說法，例如在學校考到好成績是否真的很重要，搞得父親很煩惱。查爾斯喜歡問問題，有一千個為什麼，不論是乍聽之下很瘋狂，或真的很瘋狂的問題，他都問個不停。一八三一年時，查爾斯走上再次讓父親非常煩惱的非傳統道路，搭上一艘叫「小獵犬號」（Beagle）的船前往南美，希望觀察到寶貴的地質、昆蟲、海洋生物及其他動物的知識。查爾斯的觀察的確很寶貴。他在加拉巴哥群島（Galapagos Islands）研究十二種雀鳥，再加上質疑自己原先的「人由神所造」與物種起源信念，永永遠遠改變了科學。看到這，想必大家都知道查爾斯是誰了，他就是帶給我們演化論的查爾斯．達爾文（Charles Darwin）。

達爾文無疑很傑出，更別提他有無窮無盡的好奇心，但要不是因為他是家中么子所帶來的假設，他可能不會發現演化程序。達爾文在兄弟姊妹中的排行，影響了他的人生。以上是得過麥克阿瑟獎（MacArthur，俗稱「天才獎」〔Genius〕）的演化心理學家法蘭克．沙洛韋（Frank Sulloway）的主張。沙洛韋的出生順序研究，帶來一個又一個影響深遠的新型研究。他的研究顯示，在家中排行老幾深深影響著你的人格特質、行為與感知，原因是家中子女會搶奪父母的時間與注意力，而我們會依據自己在兄弟姊妹中排行老幾，發展出不同的策略與偏見。沙洛韋以一句名言形容這種現象：「結果就是家中出現演化的軍備競賽。」這句話的意思不是兄弟姊妹會為了搶奪媽咪與爹地的愛，有意識地進行割喉的達爾文生存賽，而是家庭結構不免影響我們變成什麼樣的人，因為我們自然會依據出生順序，在家中扮演著不同角色，也因此擅長不一樣的事。舉例來說，家中最大的小孩通常會靠著在某種程度上照顧弟弟妹妹，贏得父母的歡心，也因此通常特別有責任感，敬重權威人物。相較之下，較晚出生的孩子則會靠強化「潛在的才能」，得到父母的關注，也因此通常心胸較為開放，比較具備冒險精神，也比較不會對權威展示恭敬態度。每一個手足為了在家庭生態中「成功」而不得不出現的行為，成為感知假設，透過有自己的峰度統計權重的試誤史，記錄在腦中。

所以說，達爾文能以不同方式「看」的關鍵，純粹是因為他是達爾文家的老五？（有趣的是，另一位科學家阿爾弗雷德·羅素·華萊士〔Alfred Russel Wallace〕也是家中幼子。他和達爾文在差不多的時間得出演化方面的相似看法，只不過比較少發表研究。）如果你是家中老大或獨生子女，就注定無望，不可能創新？不是那樣的。重點是不同時間線的各種經驗帶給大腦的假設，不只型塑你的感知——那些假設**就是**你。它們是一層層你賦予刺激的「實證意義」，定義著你感知到的現實——影響著你如何看自己與看別人，進而影響你如何過你的人生。然而大腦裡的假設實際上究竟是什麼？

我們現在知道，所有的感知最終與我們決定要靠近或遠離某件事有關，各種物種都一樣。這種「靠近或遠離」，決定著為什麼我們感知到我們感知的事。假設不可避免影響著我們選擇的方向。那麼，這個過程是如何製造出我們的感知？

假設是一種非常生理的東西——事實上，假設是一種電。假設不只是抽象的點子或概念，它們是大腦中實體存在的東西，有著自己的一套物理「定律」，可以稱之為**偏誤的神經科學**（neuroscience of bias）。我們見到投射在感知「銀幕」上的現實，始於五官接收到的資訊流。一個或多個刺激在受體上帶來一連串脈衝，傳進腦中（輸入），分布於皮質及大腦其他區域，直到最終啟動某種反應（運動反應和／或感知反應——但兩者間的差別，沒有我們從前以為的大）。基本上，我剛才以一句話講完了神經科學，但只是「基本上」。感知只不過是複雜的**反射弧**（reflex arc），很像醫生敲你膝蓋骨下方的髕骨韌帶時，造成你腳往前踢的東西。我們的生活實際上只不過是幾百萬次、幾億次的連續膝反射反應。

你在任何時刻的體驗，只不過是分布大腦各處的穩定電活動模式——這個版本的感知不浪漫，但大體來說就是如此。在你的一生，大腦對刺激做出反應後產生的電模式，變得愈來愈「穩定」，在物理學上來說叫**吸子狀態**（attractor state）。沙漠中的沙丘是一種吸子狀態，河中的漩渦也是，就連我們的銀河系也是一種吸子狀態。它們全都代表著湧現的穩定模式，源頭是許多個別元素一段時間後的互動。從這個角度來看，它們擁有自己的穩定能量狀態或**動量**（momentum，因而可能難以改變），最自然的情況下會持續下去（不過兒童的大腦狀態不如成人穩定）。演化所做的事，是選擇某些比其他吸子狀態有用的吸子狀態，或更精確一點來說，是選擇一連串的吸子狀態。

連結大腦不同部分的神經通道所帶來的電模式……那條極度複雜、不斷往四面八方延伸連結的超級高速公路，即為大腦的基本結構。這些電模式讓有的行為與思考變得很可能發生、其他的則不容易發生。研究顯示，你的這條超級高速公路連結性愈強，你愈可能擁有多元複雜的假設（譬如說更豐富的字彙與記憶力）。然而，雖然大腦擁有豐富的相互連結，而且這些相互連結對感知來講很重要，感知一生中實際使用的神經電脈衝數，其實非常少（**相對而言**少，因為它們的潛能接近無限）。

各位腦中的細胞構成了「笛卡爾的你」。笛卡爾（René Descartes）是法國哲學家，他對於人類意識抱持機械論，也因此有「我思故我在」（*cogito, ergo sum*）那句名言。你的思考，以及連帶的你的存在，得靠組成大腦鐵路系統的細胞，電模式（就像火車一樣）沿著反射弧走。數這些細胞究竟有多少，本身就是一個有趣的故事。好多年來，神經科學家反覆引用大腦裡有一千億神經元（神經元是透過神經系統中的突觸接收與傳送訊號的神經細胞），一千億是一個漂亮的大整數，但實際上是錯的。

似乎沒人知道，一千億這個說法最初是哪裡來的，而每一位引用的科學家，似乎都是出於一個糟糕但可以理解的原因，假設這個數字是正確的：他們是聽別人說的。諷刺的是，這件事大概反映出我們人天生偏好整數，大家因而沒懷疑就接受「一千」這個數字。然而，到了二〇〇九年時，巴西研究人員蘇珊娜·赫庫藍諾—郝佐爾（Suzana Herculano-Houzel）博士推翻這個說法，她靠一個非常聰明的創新，證明一千億這個數字是錯誤假設——一個無意間被當成事實的說法，一個科學界的瀰（meme，後文會再進一步詳談）。赫庫藍諾—郝佐爾藉由精彩的研究方法，將四顆捐贈給科學用途的大腦溶解在液體裡，發現平均而言，人類擁有的腦細胞數量比原先設想的少一四〇億。一四〇億大約正好是狒狒的腦細胞數量。也因此雖然少一四〇億，還少滿多的，但人類確實擁有的八六〇億神經元，依舊算相當多。「思考故存在」源自這些神經元加在一起，以及這些神經元如何彼此交談（當然，還包括神經元如何與身體其他部分以及環境交談，別以為你只是你的大腦而已）。

回到剛才提到各位的感知時，數量相對少的大腦參與的電化學模式。組成大腦的細胞形成一百兆連結，一百兆很大，但究竟是什麼意思？由於潛在連結會形成型塑行為的潛在反射弧，也因此影響著你將如何回應——影響著你感知到的事，以及你產生的感知是好是壞、有創意或走老路、冒險或保守。換句話說，這裡談的是「可能的反應」VS.「實際的反應」，而「可能的反應」數量多到幾乎無法想像。舉例來說，想像一下人類只有五十個腦細胞，而不是八六〇億個（螞蟻大約有二十五萬個，也因此五十大約是相當基本的有機體）。然而，如果這五十個腦細胞，每一個各有五十個連結，並以各種可能的方式彼此連結，可能出現的**連結體**（connectome，一組連結）數量，將多過已知宇宙中的原子數。光是五十個神經元而已！現在再想一想，八六〇億細胞組成的百兆不同連結所帶來的全部潛在模式。那個數字可說是接近無限。然而，我們的感知實際上**不但不是**無限的，甚至差得遠了。相較於客觀上來講的可能性，只不過是迷你的子集。為什麼會這樣？因為我們有來自經驗的假設。

經驗帶來的成見定義與限制著突觸通道，而我們的思考與行為，又是透過那些通道成真。也因此「刺激」（輸入）與「刺激帶來的神經模式」（輸出，**也就是**感知）的關係，受限於大腦的網絡架構。這些電化學架構，直接代表著透過試誤型塑大腦的過程，是一張經驗帶來的可能回應所構成的網。這裡的經驗，可能是幾秒鐘前的體驗，也可能是千年前的體驗，可能來自豐富環境，也可能來自貧乏環境。我們的反射弧因此不只存在於我們體內，也存在於生態之中。一層又一層的歷史被傳承到你身上，也就是說型塑你的「青蛙腦」（與火雞腦）的經驗，多數發生在**你甚至不存在的時刻**，但這種演化史深深決定了你感知到的「現實」，以及你會做出什麼樣的行為。把這種物種層次的經驗，加上你個人的生活經驗史，你將得出由假設織成的獨特掛毯（更精確來說是「鑲嵌的體系」〔embedded hierarchy〕）。這條專屬於你的掛毯，使你有辦法存活於世，然而同一時間，你個人的假設，也可能限制住使你產生反應的電流（也就是你的想法）。

簡單來講，你的假設讓你是你。也就是說，每當你的假設遭受質疑，幾乎所有你自認的自己都可能瓦解。然而，得出讓「你之所以為你」的大腦成見的過程，也讓我們成為這個世界非常需要的獨特個人（我稱為「特立獨行者」〔deviator〕）。

二〇一三年接近年底時，幾內亞一名男嬰感染伊波拉（Ebola）病毒。伊波拉會造成極度痛苦的傳染性出血熱，死亡率約為五成。出現男嬰的「指示病例」（index case，醫學術語，指第一個被感染的人）後，伊波拉病毒便以驚人速度散布至西非各地。伊波拉病毒自一九七〇年代被發現後，在二〇一四年年初首度達到流行病的規模，一共散布至九國，其中賴比瑞亞情況最嚴重，死了近五千人。此外，也就是在二〇一四年夏天，四十歲的賴比瑞亞裔美國公民派崔克・索耶（Patrick Sawyer），到賴比瑞亞探望自己感染了伊波拉病毒的姊姊。在他照顧姊姊的期間，姊姊去世。七月二十日舉行喪禮後，索耶搭機前往奈及利亞。當時伊波拉病毒尚未從奈及利亞的鄰國擴散到當地。索耶抵達奈及利亞人口最密集的城市拉哥斯（Lagos）後，在機場倒下，嚴重嘔吐腹瀉，公衛體系的醫生恰巧當時在罷工，索耶因而被送至奈及利亞醫生阿梅約·艾達德芙（Ameyo Adadevoh）工作的私人醫院。

艾達德芙醫師似乎天生流著「要行醫的血」，父親是備受敬重的病理學家與大學管理人員。艾達德芙醫師繼承了父親專業上的一絲不苟，留著黑色捲髮，一雙黑色大眼睛嚴肅凝視著拉哥斯「第一顧問醫院」（First Consultant Hospital）的大廳。艾達德芙醫師是資深的內分泌科醫師，索耶被送進她的醫院時，她是主治醫師。索耶宣稱自己只是得了瘧疾，但艾達德芙醫師不相信，在他試圖離院時，拒絕讓他離開。艾達德芙醫師先前其實並未治療過伊波拉病患，但認為有必要檢測索耶是否被感染。索耶暴跳如雷，艾達德芙醫師等醫護人員不得不壓制他，過程中碰觸到他的身體。一片混亂之中，索耶手臂上連著的點滴被扯開，血濺到艾達德芙醫師身上。院方最後制伏索耶，然而真正的問題才要開始。

艾達德芙等醫師等候索耶的檢測結果出爐時，賴比瑞亞政府對奈及利亞施加外交壓力，要求釋放索耶，交給賴比瑞亞。艾達德芙醫師再度拒絕。她的國家沒有能夠安全運送索耶、確保他不會感染任何人的方法。艾達德芙醫師和院內同仁要求繼續隔離索耶，最終獲勝。阻絕「零號病人」的殺傷力之後，他們便能把心力專注在動員奈及利亞的力量，控制住索耶可能造成影響的範圍。此時索耶已把病毒傳染給二十人。

二〇一四年十月二十日，也就是索耶抵達奈及利亞、艾達德芙成為他的醫師三個月後，世界衛生組織（World Health

Organization）正式宣布奈及利亞並非伊波拉病毒疫區，在哀鴻遍野的非洲地區是了不起的成就。《電訊報》（*Telegraph*）駐外記者長當時寫道：「由於西非地區其他地方的死亡人數依舊不斷攀升，這聽起來不是什麼大新聞，但要是想到奈及利亞原本可能陷入多糟糕的情形，這是相當值得感恩的事。我原本可能現在就隨手寫下伊波拉病毒已在奈及利亞奪走第一萬條人命，眼看接下來還會再死數十萬人。」全球媒體很快就報導，這場勝利主要得感謝艾達德芙醫師，然而艾達德芙醫師不幸未能見到自己努力的成果。索耶死於伊波拉，從他身上感染到病毒的其他七人亦死亡，其中包括逝世於二〇一四年八月十九日的艾達德芙醫師。艾達德芙醫師死後被奉為英雄，她的確是英雄，她和醫療同仁保護了奈及利亞。要不是他們堅持隔離索耶，全國將爆發伊波拉死亡潮。他們的英勇反應——在面對其他人的假設時——成為全球其他國家的模範，提供正確假設發揮作用的好例子。艾達德芙醫師的故事以鮮明的方式，說明了假設如何能帶來有用的思考與行為，以及相關假設如何能發生在單一個人身上。那個單一個人獨具慧眼，看見別人看不見的事。

讓我們來看艾達德芙醫師的假設，如何影響了她自身的思考與觀點（這裡不談她的假設形成的過程），以求了解我們自己的神經模式是如何影響我們自身的看法。現在得讓一個重要的新觀念登場，說明我們是如何靠著腦中八六〇億個放電細胞，得出更多、更好的想法。

你的可能性空間

「可能性空間」（space of possibility）是指大腦網絡（連結體）架構帶來的神經活動模式。你的神經網絡一起決定了腦中所有可能的模式。換句話說，神經網絡是你有能力擁有的感知／想法／行為的矩陣，數量非常龐大（只不過潛在的數量遠遠稱不上無限）。這些感知／想法／行為，有的驚天動地，有的單調乏味——其中多數你一輩子都不會親身經歷到，但理論上遇到某些刺激連結（網絡連結），是有可能發生的。此外，在這個空間之外，還有你腦中不會想到、**無法想到**的感知與想法——至少在某個當下你想不到。理論上，你想不到的東西，**遠遠超過**你想得到的東西。你的假設（也就是構成你的個人史的腦細胞連結）決定了界限，也決定了會出現在你腦中的每一件事——進而決定了你的「可能性空間」的架構與維度。值得注意的是，每一個模式彼此相關，有的彼此很像，有的比較不像。

雖然理論上，大腦有可能出現無窮的神經模式，卻不是所有的神經模式都有用。以艾達德芙醫師為例，她的行動落在可能性空間的基模內。艾達德芙醫師與奈及利亞政府官員有著一個共同的假設：必須以最快、最全面的方式，阻止伊波拉病毒散布出去。艾達德芙醫師與其他人看法不同的地方，在於認為應該如何做到這件事。她的第二個假設是必須把索耶隔離在拉哥斯的醫院。這個假設不同於官員的假設，官員認為最好的回應方式是把索耶送出國，以最快速度讓他回賴比瑞亞。由於艾達德芙醫師抱持不同假設，她擁有不同的可能性空間，也就是說她有不同的潛在大腦啟動狀態——以念頭、思想、信念、行動等形式出現的大腦啟動。不同的假設存在於她的生理大腦，藉由她個人獨特的歷史呈現出來，她的神經元因此能夠產生「下一個可能的」感知（吸子狀態）。腦中沒有相同連結（假設）的人，無法產生和她一樣的感知。我們這裡不關注艾達德芙醫師的歷史是什麼，只談由於每個人有不同的個人史，艾達德芙醫師能夠察覺的事，其他人察覺不到。對艾達德芙醫師來講，她抱持的看法並非「跳躍式」。其他人覺得是「跳躍式」，是因為其他人看不見她看見的東西，而其他人之所以看不見，純粹是因為他們有著不同的可能性空間。首先，艾達德芙是經驗豐富的專業人士，她除了知道醫療的最佳實務，也**遵守**醫療的最佳實務，即便是在充滿衝突與危險的時刻，也堅持做對的事。艾達德芙醫師抱持著正確的信念，但更重要的是，她還有勇氣執行自己的信念。政府對她施壓，但她不顧自己的職業生涯前途，把全國人民的集體福祉擺在前面。犧牲小我、完成大我的價值觀，因此是指引著她的看法與行為的基本假設。她的可能性空間除了受專業醫療訓練影響，也受這個價值觀影響。換句話說，艾達德芙醫師除了擁有得來不易的知識，也勇敢做對的事。

本章的重點，不是討論為什麼艾達德芙醫師會擁有讓奈及利亞免於伊波拉危機的假設，而是為什麼**她的假設和別人不同**。你我也一樣，我們最平凡與最英勇的行為源自假設；那些假設同樣存在於我們自己的可能性神經空間。艾達德芙醫師的故事，說明了行為如何源自突觸通道。以譬喻性的說法來講，過往的經歷操控著突觸通道的紅綠燈。我們以後見之明，曉得艾達德芙醫師做出令人敬佩的回應，但艾達德芙醫師不覺得自己的回應「令人敬佩」或「有創意」，而這點正是最基本的重點：那只不過是她的假設所帶來的可能性空間中最自然（對她個人而言可能最理性）的想法。X 的可能性空間（艾達德芙醫師——下頁圖左手邊的人）包含著解決方案，Y 的可能性空間（奈及利亞政府——圖中右邊的人）則不包含，也因此 Y 基本上看不見解決方案。這點很可以解釋為什麼個人、公司、組織、國家之間會發生衝突，因為其中一方無法「感知」（真的看不到或無法理解）另一方的行為。問題不在於雙方意見不合，而在於人們「看不見」。這種心智上的看不見所造成的影響，遠勝眼睛病變帶來的看不見。

伊波拉病毒可能在奈及利亞散布開來，但官員看不見。以

這個例子來看，假設顯然有「另一面」，也就是負面的可能性。大腦必須要有假設才能運轉，然而不是所有的假設都是好的（至少整體而言如此，因為每一件事究竟好不好要看情境）……假設所帶來的想法也不一定都是好的。如同政府官員差點放走具備高度傳染性的索耶，或是其他無用的情境，假設可能使我們做出無用的行為，甚至是有害的行為。假設有可能帶來有用的觀點，但觀點天生受假設限制……有時這是好事（你因此通常不會有壞點子），有時這是壞事（你因此通常不會有好點子）。我們很幸運，大腦的神經架構天生是一種「架構被創造出來的過程」，永遠不會停止發展，大腦不斷演化又演化……我們不斷適應，不斷「重新定義常態」，靠不停試誤的過程，透過新假設改變自己的可能性空間。

我們先來了解假設是如何限制住感知。利用代表「大腦潛在想法」的理論圖（請見第201頁），替「行為」設定出數學上具備全知觀點的「上帝模型」（God model）。我們什麼都看得見，不只看見過去與現在發生的事，還看到未來與過去有可能發生的每一件事，因此有辦法呈現每一個可能的感知的行為／生存價值，把可能性空間轉換為由山峰（mountain）與山谷（valley）構成的「**地貌**」（landscape）。山峰代表著「最佳」感知，山谷代表最糟感知。我們把「**湧現的**吸子狀態」（emergent attractor state，源自科學家以生動方式命名的「複雜系統」〔complex system〕的互動）的中立空間，轉換成「**適存地貌**」（fitness landscape）。「適存地貌」的概念來自數學、演化，以及物理學等領域的研究，用途是繪製出某種特質（更廣的應用是某個「解決方案」）的「適存度」（fit）有多高，看是位於谷底（valley）、假峰（false peak，看似最高峰，實際上還有更高的峰）或真峰（true peak）。如果位於谷底，那項特質會妨礙生存，具備那種特質的動物／物種死去。如果位於真峰，那種動物／物種能存活的可能性，勝過在相同的概念地貌中，位於其他較低「山峰」的動物／物種。我們的思考與行為也有類似的「適存度」，有不同的實用程度。右圖中，最小的點是山谷，中等大小的點是假峰，最大的點是真峰。請留意，它們全都源自相同假設。

了解生命的最佳適存度地貌，意思是了解地貌如何隨時間與情境變化……也就是了解神的心意。所有的宗教經文——或是所有聲稱自己知曉真理的文本——目的都是為了理解神的心意。科學文本努力以嚴謹方式進行探討（例如：達爾文的《物種起源》〔*Origin of the Species*〕或史蒂芬・霍金〔Stephen Hawking〕的《時間簡史》〔*A Brief History of Time*〕），其他的文本則不然（例如：《聖經》、《古蘭經》、科幻小說）。當然，我們沒有任何一個人是上帝……感謝上帝！……雖然有的人經常聲稱自己是，或更糟的是聲稱自己知道男神／女神／中性神的「想法」……簡而言之，他們號稱自己是通往上帝的「管道」。問題在於在非全知的現實生活世界，我們無法以先驗（*a priori*，在經驗之前）的方式，預先知道哪些觀點比其他好。前面這個句子的「先驗」兩個字尤其重要！因為那正是試誤或經驗主義（empiricism）的重點。所謂的經驗主義，只不過是探索可能性地貌的「搜尋策略」。我們和艾達德芙醫師一樣，只知道自己的假設讓自己怎麼想。然而，雖然我們通常對自己會帶來的結果（以艾達德芙醫師的例子來講是救人）感到自信，我們無法事先知道未來會發生的後果……雖然很諷刺的是，今日的假設的依據，是過去真正發生過的成敗。如果要和艾達德芙醫師一樣，搜尋自己的可能性空間，找到比較理想的觀點，一定得利用帶來假設的經驗感知紀錄。試誤的過程（不論是實際試誤或在腦海中想像），其實只不過是在探索地貌，努力找到最高的山峰，避開山谷。不過，如果在你的可能性空間裡，同時有好點子與壞點子，找到好點子是什麼意思？

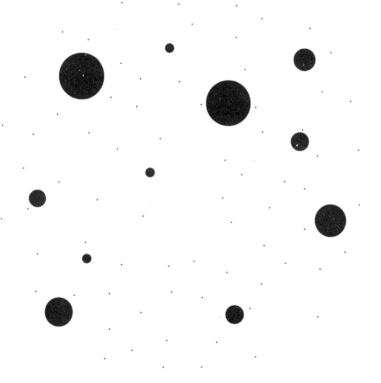

如果要回答這個問題，可以把自己想成「可能性空間」正中間的那個人。這是你目前的感知狀態。我們要問的是，你大概會朝哪裡找到下一個想法或行為？以花的發展為例，與我的實驗室合作的愛蓮納．艾維瑞滋—別雅（Elena Alvarez-Buylla）指出，花朵的不同發展階段（從心皮、花萼到花瓣）遵守著特定順序。除了花朵的各個狀態本身是演化篩選過後的結果，**實際上會發生的順序也是**。大腦也一樣，大腦會進入神經模式不斷變化的吸子狀態，出現一個反射性反應，接著出現下一個反射性反應。至於會是哪個反應，要看在特定時空的生態情境下，大腦接收到什麼樣的刺激。

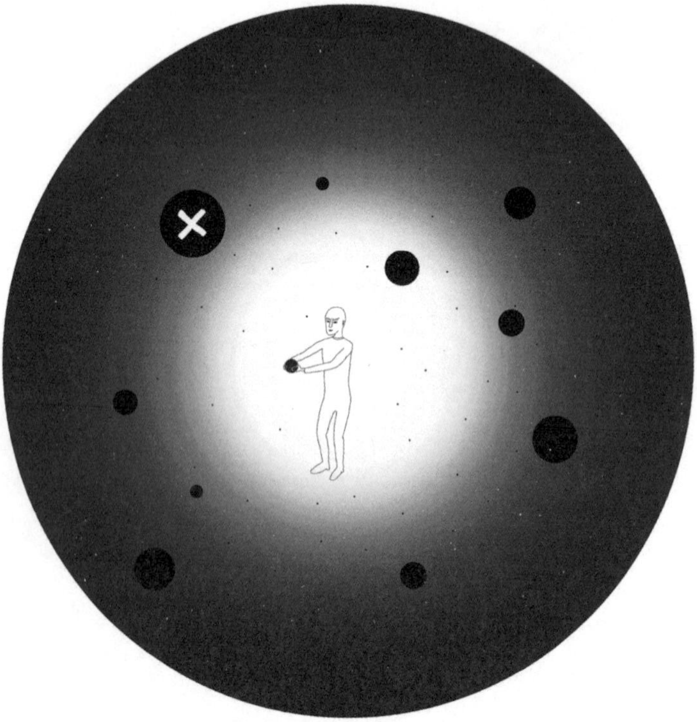

不 **NOT**

大腦 **BRAIN**

你的 **YOUR**

做 **DOES**

大 **BIG**

改變 **MAKE**

因此，剛才也提過，在 208 頁的圖中，你身旁的不同黑點代表著不同可能性。離你愈近的黑點，愈可能是你的下一個感知（這裡的「感知」包括概念、決定與行動）。白色區域中（譬喻性的「近場」〔near field，聲音、電磁波等的可影響範圍〕）靠近你的點，是「下一個可能發生的」感知中，出現機率最大的幾個感知……也就是你依據「過去最有用的結果」得出的當下假設。

思想跳躍

大腦和演化本身一樣，只會小小朝未來邁進，依據「我」這個人以前做過的事，踏出最可能正確的下一步，也因此相較於聽起來激勵人心的「萬事皆有可能」，我會有什麼念頭，其實不會是**一時的異想天開**，而是一段期間內所有的小步驟累積起來的函數。

現在請看點圖中（看不見東西的）深色區域上方那個小小的 X，雖然原則上 X 是最好的點子或決定，但由於 X 位於探索空間的外側，不太可能是你出現的感知（等同是隱形的）。為什麼？因為你的大腦不會做很大的思想跳躍。

我們甚至可以說，我們身旁的人們／文化／物種也看不見那個遠方的 X。剛才提過，最初不同意艾達德芙醫師隔離索耶的官員，他們的問題就是看不見，不太可能或絕不可能靠自己得出艾達德芙醫師的好點子。官員的經驗史（他們集體的大腦中過去的感知）把那個 X 放在太遙遠的地方，也因此雖然理論上人有可能想到無限的念頭，你過去的思考與行為……你的假設或偏見……造成你比較可能走向某些感知，同一時間遠離其他感知。

因此，我試圖讓各位在閱讀本書時，腦中會裝進的第一個假設是以下這件事：承認自己在每天的每一秒，每一個行動與感知都包含了假設（或偏見）。我們在任何時間都僅僅是在回應，依據自己對於先天具備不確定性的資訊所做出的假設，做出行動。我們在當下……無力控制這件事。（絕大）多數的時候，這是好的，然而不知道或不肯承認自己有假設的人，他們的大腦處於無知狀態，也因此他們成為無知的人，活在盲目的狀態之中……看不見山谷，只看見自己的山峰，直到災難降臨，一敗塗地，不得不拋棄過去的糟糕假設，接受新假設……有時甚至使自己「被天擇淘汰」，榮獲諷刺的「達爾文獎」（Darwin award，帶有開玩笑性質的獎項，得主的愚蠢行徑使自己「失去繁殖能力或死亡」）。然而，有時災難不只降臨到個人身上，而是整個社會都受害，此時的達爾文獎不該只頒給個人，而是制度的問題。

二〇〇八年九月十五日，雷曼兄弟（Lehmann Brothers）金融服務公司在公布數十億再也無力償債的損失後申請破產，主要債務來自「次級貸款」（subprime mortgage），也就是貸款給償債能力不佳的購屋民眾，而且利息通常會在一段時間後逐漸增加，也因此更是償還不起。幾小時內，全球股市便暴跌。不久後，國際領袖召集眾家銀行討論止血策略。接下來幾週，雷曼兄弟的震撼彈，甚至轉移了當時以參議員身分競選的巴拉克·歐巴馬（Barack Obama）與約翰·馬侃（John McCain）之間的總統選戰焦點。先是金融界大量裁員，接著幾乎各行各業都開始裁員，人們爭論是誰的錯，全球爆發金融危機。

以最簡單的方式來解釋，就是華爾街賭錯。他們押寶在債主用次級貸款來吸血的一群人身上，這可不太明智。同一時間，負責保護經濟的政府機構（至少理論上如此）卻放任人們豪賭。接下來發生的事，就跟人類搞砸的多數事情一樣，人們依據不智的假設行事，掌權者假設不可能發生那麼大的災難，銀行也假設自己「大到不會倒」。一切就是這麼糟糕地簡單。他們錯了，但每一個人依舊繼續回應，讓周遭環境符合他們腦中想要證實的偏見，接著我們的經濟就因為那些假設而完蛋，萬劫不復。

我們知道，金融危機使全球成千上萬人損失慘重。要是當初政策制定者有不一樣的假設——有著不同的假設空間，不同的山峰與山谷——或許就能縮小危機的規模，結果不會那麼慘烈：人們失去房子，人生支離破碎，陷入貧窮地獄。然而政策制定者當初之所以沒能有著不同的假設，背後的原因與大腦演化的另一件事有關。

人類這個物種在合作的情境中演化，能否生存要看我們有多能融入群體，與他人合作。大家也知道，要跟別人和平相處的話，如果你不抱持不同的意見，通常會比較容易，也因此大腦演化成傾向於從眾。大腦的這個非空白的白板特質（假設），使我們每一個人來到世上時，感知都受影響。舉例來說，大腦的「喙部扣帶區」（rostral cingulate zone）釋放的化學物質會促成社會從眾（social conformity），也或者你可以想成一種集體的峰度。也就是說，其他人的可能性空間，影響著你的可能性空間，原本你自然就會有的感知，通常因而受限，也就是「瀰」（meme，又譯「迷因」、「瀰因」、「模因」、「文化基因」等等）的概念。

我們現在可以進一步探討「瀰」的概念。「瀰」最初在一九七六年由演化理論學者理查·道金斯（Richard Dawkins）提出。「瀰」是指某個文化或社會擁有的假設，限制與決定著集體的可能性空間（當然，網路的「瀰」，則是指網路上每天出現的短期熱門現象，通常是爆紅事物）。舉例來說，美國南方屬於信仰虔誠的地區，由於「信仰」的差異，同樣的「刺激」，美國南方的社會反應將不同於紐約或舊金山……或日本。對日本人來講，把筷子插在每天吃的飯上是禁忌，因為那象徵著死亡。然而如果換成荷蘭，那個動作則代表著，嗯，不代表任何事。乍看之下相當無關緊要的假設，影響著我們擁有／未擁有的念頭，因為那些假設會形成我們的可能性空間的假設軸線。我們可以想像更為重要的文化／社會假設（例如性別、族群、性向）是如何影響著特定族群，那些族群必須奮力抵抗偏見，他們是在抵抗集體的大腦（他們也是那顆大腦的一部分）。不同的「瀰」，因此帶來不同的投票模式、幽默感、價值觀……以及種族歧視。此外，這些「瀰」具有穩定性，在大腦內呈現吸子狀態，也因此難以改變。

想一想二〇一二年的特雷沃恩·馬丁命案（Trayvon Martin）

就知道。馬丁是一個身上沒帶武器的十七歲非裔美國人，只因為晚上穿著帽 T，就被一個揮舞著槍的佛羅里達平民殺死，對方誤判他是危險人物。或是各位也可以想一想所有無辜被殺的黑人，兇手最後都被判是「合法」謀殺。許多西方社會對年輕的非裔美國人與英國黑人，有著認知上的偏見，尤其是有著某種穿著打扮的黑人。從文化的角度來看，許多人被教導恐懼那樣的黑人是有用的，他們觀察到其他恐懼黑人的人的反應……甚至連黑人社群內部也可能發生這種事。喜劇演員伊恩・愛德華（Ian Edwards）嘲諷過這件事：兩個「穿帽 T 的黑人」走在同一條街上，兩個人都怕對方是壞人。其中一人開口：「嘿，老大您好！老大您行行好，小的不想惹麻煩。」另一個人回答：「我也不想惹麻煩……外婆，是妳嗎？！」「恐懼他人」是非常強大的偏見，會使人遠離 A，偏向 B……人們通常會逃向較為熟悉的事物。發生這種情形時（很多人都這樣，只是我們不承認），我們通常不只依據自己的感知做出反應，而是依據我們從文化接收到的錯誤感知。

既然談到偏見、假設及其主觀源頭，我必須強調這裡不是在談「後現代相對主義」（post-modern relativism）。那種思潮認為，只因為世上沒有絕對（fragmented world），萬事都具備平等的正當性。然而，不是大腦產生的所有感知都一樣好，包括由社會史帶來的感知也一樣。有的感知比其他感知好，否則演化就不會演化。世上沒有「**相對的適者生存**」（relative fitness），因為適應性原本是相對的，所以才會產生變化。舉例來說，不論你用多有創意的方式替此類行為辯護，對女性處以石刑與女性割禮根本上、客觀上是**壞的**。你可以主張此類行為是「有用的」，因為做出此類行為的人，更能融入某些文化，然而它們客觀上來講依舊是壞事。真正有用的行為是了解此類行為的源頭，因為了解後就有改變的契機。

如果想了解碰上需要創意的任務或問題時，「**瀰**」與假設如何限制住你的可能性空間，可以做一做我的另一個「閱讀」練習。請看以下的十五個字母，從中挑選，**以最快速度**拼出五個含三個字母的詞。不要多想。各就各位，預備，開始！

A B O D T X L S E M R U N P I

寫下你用三個字母拼出的詞：

1.

2.

3.

4.

5.

好了，現在再來一遍，一樣要用最快速度，只不過這次要用這組字母：

LMEBIRTOXDSUANP

同樣寫下你拼出的詞：

1.
2.
3.
4.
5.

各位這次大概拼出完全不同的詞，對吧？這個練習的重點是人們靠第一組與第二組字母拼出的詞，一般來講相當不同，多數人甚至五個字完全不同。然而，這兩組字串其實由完全相同的字母組成，只不過順序不同。你的假設造成你的思想走過不同的腦電通道。

為什麼你會拼出不同的詞？甚至是你為什麼拼出人們認識的詞？我沒要求各位那麼做。原因是你的大腦假設相鄰的字母，比較可能屬於同一組。這是你的大腦形成的自然傾向，源頭是你學習閱讀時得出的假設。此外，許多人的大腦學到可以由右而左搜尋，而且我猜各位對於什麼叫一個「詞」也有假設。你是否選出英文詞？你可以從其他語言中挑選，甚至是自己胡亂拼湊字詞（剛才根本沒有指定要是什麼樣的「詞」），但你大概走了阻力最小的腦通道／路。打從一開始，你就把無數的感知從你的可能性空間中排除了。你的大腦發生了什麼事，造成你這麼做？更該問的是，**為什麼**你這麼做？

如果要靠比喻來理解，各位可以把大腦想成英國的鐵路系

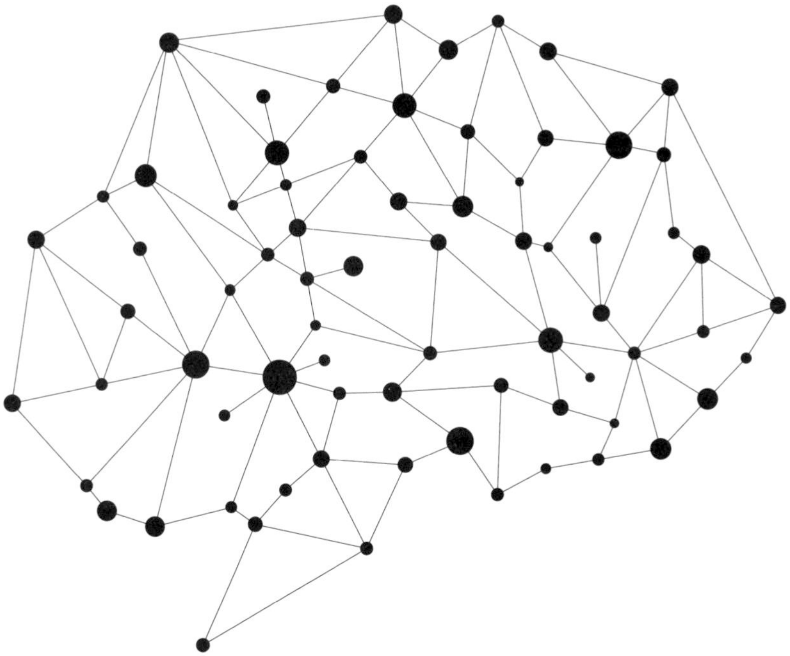

統，或是任何一個國家四通八達、有效運轉的基礎鐵路建設。火車站是你的腦細胞，火車站之間的鐵軌是腦細胞間的連結，火車移動是大腦中的活動流。帶來連結的網絡很好也很必要，但天生受限，因為大腦（如同鐵路系統）維護起來很昂貴：大腦雖然只占二%的身體質量，卻消耗二十%的能量需求。（西洋棋特級大師在比賽時，思考棋局甚至每日可「用掉」六、七千卡路里。）你的假設是鐵路系統的連結網絡，你的歷史與過往感知實用度的經驗，構成了那些網絡，也決定它們必然受限的路線。畢竟沒有任何的鐵路基礎建設，有能力負擔在全國所有可能的點之間都鋪上軌道。別說要讓乘客抵達所有的點，甚至只抵達一半都做不到。

以剛才的字串練習來講，你的神經火車預先安排好的站點，使你無法更有「創意」（就傳統定義而言）。你的電脈衝在有限的系統上傳送你的感知，你的可能性空間裡的點子因此消失，你無法觸及它們。你對於語言的假設，限制住你能感知到的東西，雖然現在你知道這點後，新的可能性突然從你腦中冒出來。各位願意的話，可以回頭再做一遍練習，這次你的感知已經改變。

各位現在應該已經清楚，過去的感知綁著你，使你待在點之中。當然，我請各位做「測試」之前，各位早就知道這件事。我們全都有過這樣的生活經驗，例如被人奚落，接著過了好幾個小時後，才想到當時可以怎樣回應；租下某間公寓後，才知道應該要租另一間才對；甚至是和錯誤的人談戀愛／當朋友／合作，或是單純完全想不出任何好點子或解決辦法，不曉得該如何處理某件事。此外，大家都聽過「事後諸葛」這四個字，或至少碰過馬後砲。發生金融危機，爆發一連串的後果後，突然間人人都是經濟學大師。二〇〇一年發生的九一一恐怖攻擊事件悲劇也一樣。《九一一委員會調查報告》（*9/11 Commission Report*）指出，恐怖分子開兩架飛機撞進紐約「世貿中心」（World Trade Center）當天所發生的事，禍首是理應保護美國民眾的政府「缺乏想像力」。然而，九一一事件發生之前，大部分的人都一樣，看待世上存在的可能性時缺乏想像力。一切都是「假設的神經生物學」（延伸進我們體內的假設）帶來的結果：我們的手、耳朵、眼睛的形狀、皮膚上觸覺受器的分布、動作本身的生物力學……甚至是我們創作出來的事物都一樣。舉例來說，蜘蛛網事實上是假設帶來的結果，專有名詞是「延伸的表現型」（extended phenotype）：蜘蛛把自己延伸至超出自身的世界之中。另一個例子是羚羊。羚羊在回應同伴的視覺行為時，帶有群體的大腦偏向（brain bias）：如果一隻羚羊看見獅子，等同所有的羚羊都看見獅子，就好像羚羊群是一個**分布式**的感知系統。

然而，你的過去不是你的現在。各位的大腦電模式（以及傳遞訊息的大腦的散布模式），不會因為是「很久很久以前」最適當的回應，就一定是理想模式。事實上……以前有用的東西，現在可能要作廢了。

自然界不斷在變化，生活是各種對你產生影響的突發狀況。

如果你的世界很穩定，保持不變可能是最佳策略。然而這個世界並不穩定，**通常**會變化（雖然不一定都是有意義的變化）。演化呈現出世界的變動，會動（演化）的物種**活著**，動**就是**生命，包括相對的動，所以也可以表示你身邊的事物全都在變動時，你保持不動（或堅定不移，例如作家吉卜林〔Kipling〕鼓勵孩子要有所為、有所不為的〈如果〉〔If〕那首詩）。記住，情境決定著一切，我們一定要讓自己的特質一直都是有用的，要不然我們會從世上消失，基因滅絕——人類大腦架構中天生的假設也會消失。歷史上，我們消失的演化親戚尼安德塔人與其他人科動物就是這樣。現實不斷在改變，今天也一樣。舊產業崩壞，新產業崛起，相關產業的所有工作機會跟著消失與冒出來。同樣地，人際關係也會改變——我們與朋友、家人、另一半的關係。世上的重要情境天生就會不斷變化，也因此我們必須**跟著浪潮走**，一定得想辦法適應——最成功的系統懂得適應！

事實上，這個世界「連結」的程度愈高，每一件事就會變得愈「視情況而定」（必須考量情境），受周遭時空發生的事件影響。這點非常重要。大家都聽過「我年輕的時候……」這種話，這個世界現在真的跟以前不一樣。以前平日發生在古文明阿茲特克人身上的事，不論是多好或多壞的事，對於當時世上其他角落的社會或文化來講，不太會產生立即的影響。今天則不一樣。今天要是東京股市暴跌，甚至在紐約證交所交易人尚未睜開眼睛迎接新的一天，紐約就會感受到「未來熊市」帶來的影響。全球可能浮現的新吸子狀態發生機率變高（全球金融危機是負面的例子，不過當然不是所有的例子都是壞的：正面的例子包括我們可以自由表達意見的假設、網路，以及世界盃）。此外，如同所有正在發展、高度連結的系統，隨之而來的吸子狀態，每一天都變得更無法預測，跟氣候變遷中天氣的不可預測性是一樣的。

簡單來講……這個世界的生態（同時包括實體的生態與社會的生態，兩者加在一起影響著個人的生態）正在變得愈來愈不確定，我們以更快的速度感受到他人的行為。

物極必反，宗教狂熱正在增加，對於「他者」的恐懼，以及更為全面地害怕失去掌控（英國脫歐投票是明顯的例子——更精確來說，是英格蘭的情緒）。**全球**的瀰也是。除了以上策略，其實還有其他可能的選項：與其強加不合適的人為秩序，我們必須

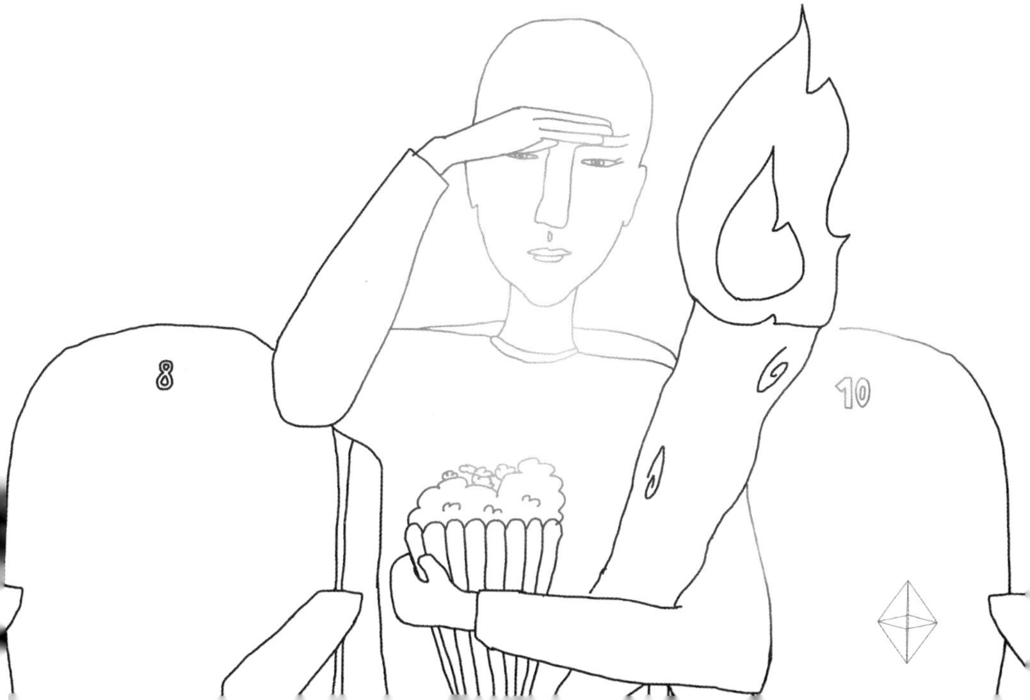

以變應萬變。在我們千變萬化的生態中，原本就該隨機應變，這是深深符合生物機制的做法，也是我們及其他系統的演化預設。我在這裡囉唆地重複一遍先前提過的重點（一定要記住），大自然中適應性最強的系統，也是最成功的系統。

如果不隨機應變，大腦將遵循先前的動能，緊緊抓住**自己沒發現的舊假設**，增加個人與社會吸子狀態的僵化情形，墨守成規，強化阻礙我們前進的吸子狀態。我們的假設使舊有的吸子狀態成為必然。

一定得如此嗎？

接下來，大概會是各位在讀這本書的頭昏腦脹時刻（希望如此）——一個非常重要的時刻。各位讀到現在，大概在想為什麼一頭撞進了矛盾的說法，懷疑起我一直強調的要以不同方式看事情。前文提到人類大腦並未演化成看到現實，那是不可能的任務，也因此厲害的大腦必須從無意義之中「得出意義」。現在我們從生理學的大腦角度，解釋為什麼只有某些感知比較可能冒出來（以及為什麼實際發生的感知又更少）。問題來了：如果你所做的每一件事——**甚至是你是誰**——都要看你自己的假設，你的假設又代表了你的個人史、發展史、演化史與文化史，是你與外部**與**內部環境（也就是我所說的各位的生態）的**交流**史，再加上假設帶來你在**當下**不太能控制（甚至完全無法控制）的反射性反應，你怎麼有可能打破這個循環，以不同方式看？我們難道不是永遠被困在固定的反射弧順序之中，只看到先前看過的東西，讓自己成為每次醫生（刺激）敲相同地方時，就自動往前踢的腿（感知）？大腦唯一可能做的事，難道不是依循相同的舊神經電火車通道？

目前為止，本書創造出空間，讓各位看見自己在看……成為自己的觀察的觀察者，感知自己的感知。我們學到大腦的感知，只不過是過去的意義史的實體呈現。不過除此之外，我們還學到得出假設的過程只不過是……大腦建構自己時，自然會發生的過程，裡頭藏著我們「真正的救贖」。建構感知的過程，除了限制我們能感知到的東西，也改變了我們感知到的東西，甚至加以延伸。

各位已經完成「腦筋急轉彎」的第一個步驟，意識到自己通常處於渾然不覺的狀態。

也就是說……我的語氣可能有點強硬，不過我想要挑戰各位……既然現在你已經意識到這件事，我們每一個人不再有藉口說自己不知道。無知太常成為最初的改變障礙。如果我已經換掉各位大腦中「我知道現實」的這項預設假設，我已經達成階段性目標：你現在知道自己不知道。知道自己不知道後，你（和我們）就有機會多了解一些。要是不先知道自己無知，不論是好是壞，你未來所做的每一個決定，將依舊是在回應過去的歷史。儘管你的大腦告訴自己，自己是有選擇的，你其實沒有選擇。有選項，才有選擇。了解自己為什麼看到自己看到的事，就會有選

項。你將有可能選擇，也因此**有可能**按照自己的意思做事。

以不同方式看，腦筋急轉彎一下，要從覺察開始——看見自己在看（但絕對沒這麼簡單）。**首先**你要知道，某些通常看不見的假設，在過去讓你得以存活，但今日不再有用，可能對你（對他人）來說，實際上（已經變得）有壞處。如果不拋掉那些假設，是在妨礙生存。抱持需要改變的信念活著，是在體現生而為人的真諦……甚至是在展現身為任何活著的感知系統是什麼意義。

> **你意識到自己通常處於渾然不覺的狀態。**

好吧，那怎麼樣才能以不同方式看？

我們靠著改變過去，改變自己的未來。

雖然聽起來莫名其妙，我們絕對有可能改變過去。事實上，我們隨時都在改變過去。每一則故事、每一本書，所有被說出、閱讀、活出的敘事，都與改變過去有關，都與「重新賦予昔日體驗意義」有關。更精確的講法是改變「未來的過去」。

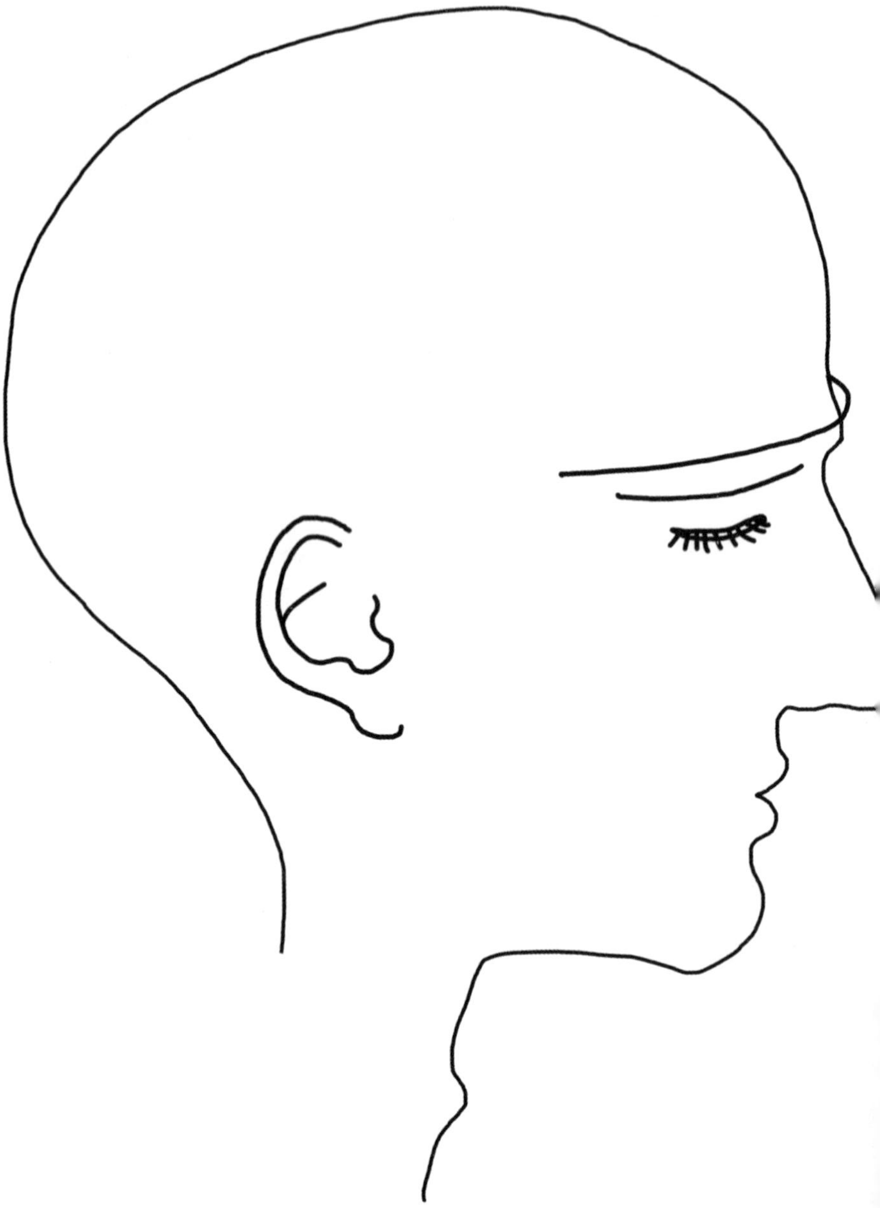

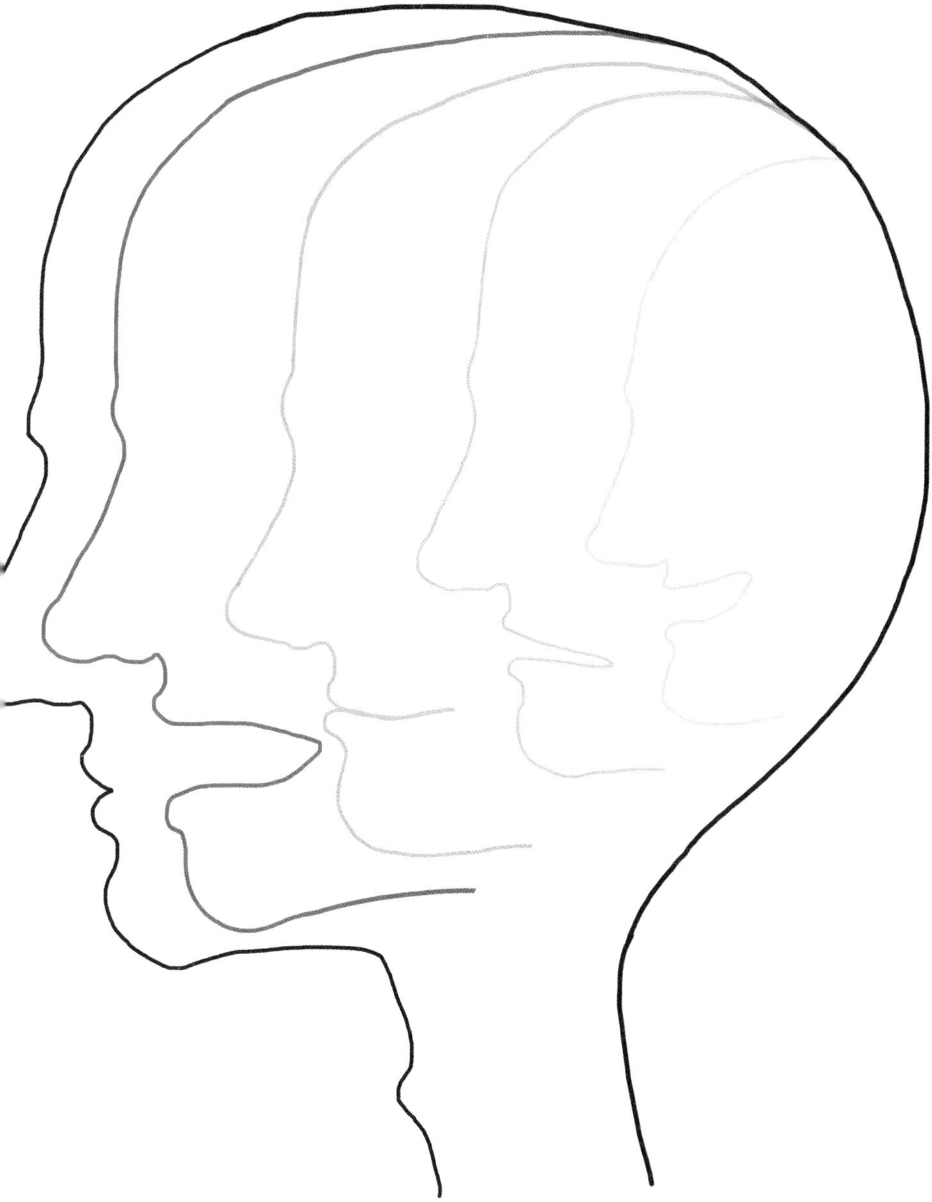

Changing th

第七章

改變「未來的過去」

Future Past

*

神經科學史上最有名、最具爭議的實驗，是班傑明・利貝特（Benjamin Libet）在一九八〇年代初所做的一項實驗。實驗內容非常簡單：受試者必須動一動自己的左手腕或右手腕。

利貝特是加州大學舊金山分校（University of California, San Francisco）生理學系的研究人員，已於二〇〇七年過世，享壽九十一，但他源自當年那場實驗的一九八三年論文，至今仍相當出名。利貝特發現，我們的神經迴路帶來的行為決定，以及我們意識到這些決定的時間，中間有間隔。此一發現帶來今日仍爭論不休的討論，大家到現在還在吵大腦、人類意識與自由意志。怎麼會這樣？因為我們自認有能力主動提出具備創意的新想法，但利貝特的研究結果挑戰了我們的基本信念。換句話說，利貝特的實驗顯示，我們不是自身命運的主人——我們只是看著命運發生，誤以為自己有主控權。然而，我們的確有自主的能力（agency），只不過為了解如何行使自主能力，我們首先必須了解為什麼人有可能自主。

利貝特的實驗如下：研究團隊先將電極固定在受試者的頭皮上，測量大腦的電活動，接著要求受試者動自己的左手腕或右手腕，但動之前，要在做決定的那個當下回報。回報方式是透過一個精巧的碼表，那個裝置能以精確到毫秒的程度測量三件事：受試者的神經電訊號顯示大腦做出決定的瞬間（德文是 *Bereitschaftspotential*，即「準備電位」〔readiness potential〕）、受試者有意識地做出決定的瞬間、受試者手腕實際做動作的瞬間。結果如何？平均而言，受試者皮質的「準備電位」，比自我意識到要動的決定，早四百毫秒出現，接著後者又比實際動作早兩百毫秒。雖然這項研究發現感覺上直截了當，顯示出自然的「順序」，實驗背後的哲學意涵從當時到今日卻不斷掀起波瀾。

利貝特（及其他許多人）的詮釋是此一研究發現顯示，受試者有意識的決定是虛構出來的東西，那些根本不是決定……至少不是我們一般以為的那樣，因為受試者尚未意識到它們之前，它們就出現在大腦中。大腦特定網絡內的相關吸子狀態，搶先在有意識、名義上做決定的心智之前出現，接著決定才出現在意識之中，假裝成手腕動作的成因。言下之意，現在的決定，不一定屬於有意識的「主動意圖」（proactive intention），而是屬於決定著自動感知行為的神經過程。再繼續往下推論的話，**自由意志不存在**。如果這個結論正確，利貝特的實驗顯示人類是「終極的虛擬實境體驗」（自己的人生）的被動觀察者。

過去這些年來，利貝特的研究發現太具爭議性，帶來全新的研究領域——自由意志的神經科學。利貝特的實驗同時讓哲學家心煩意亂或欣喜若狂。究竟是喜是怒，要看那位哲學家站在「決定論 VS. 自由意志」這個古老爭論的哪一方，因為利貝特的實驗證實，我們並未控制著我們現在做的事，我們**當下**所做的每一件事都是反射性反應，即便我們並不那樣覺得。我們其實只不過是永遠在對此時此地做出反應——至少在我們「沒」意識到的情況下如此。

缺乏主動性（proaction）的意思，不是我們無法依照意圖做事。帶著意圖行動的關鍵是覺察（awareness）。一旦我們意識到感知的基本原理，「人類並未看見現實」這件事可以變成我們的優勢。別忘了，我們所有的感知，只不過代表著我們與社會認為「什麼東西有用／無用」的過往感知，也因此雖然我們無法有意識地控制「目前的**現在**」（present *now*），依舊可以影響「未來的**現在**」（future *now*）。怎麼影響？方法是改變「未來的過去」。我們因此必須問一個很深奧的問題：自由意志（如果我們真的有的話）究竟存在哪裡。

什麼意思啊？

利貝特的實驗顯示，我們對於**當下**事件的反應，不太能靠自由意志控制……甚至是完全沒辦法。然而，藉由想像（幻覺）的過程，我們的確有能力改變過往事件的意義，不論那些過往事件發生在一秒之前，或是以某些文化「彌」來講，發生在幾世紀之前。「重新賦予意義」（re-meaning）或是改變過往事件的意義，一定會改變我們「過去」體驗這個世界的歷史——當然，事件本身沒變，源自相關事件的感知資料（sensory data）也沒變，但決定著感知的統計史變了。從感知的角度來看，施展自由意志，重新賦予意義給過去的意義史（也就是我們的敘事），將從那個當下改變我們**未來**的歷史……也就是我們的「未來的過去」。此外，由於未來的感知——如同各位現在正在體驗的感知——也將是對於曾經活過的**實證史**的反射性反應，改變自己「未來的過去」，將可能改變未來的感知（諷刺的是，兩者皆是在沒有自由意志的情況下產生），也因此我們建構的有關於自己與這個世界的每一則故事，不論是看了心理治療師之後得出的故事，或是來自行為認知治療，或是來自讀了例如本書的「科普書」，幾乎都是在試圖重新賦予過去的體驗意義，目的是改變個人／集體的未來反射性行為。

然而，說了這麼多，我們實務上如何能開始改變自己的「未來的過去」？

答案是從一個問題開始……或從一個玩笑開始。

偉大的捷克作家米蘭．昆德拉（Milan Kundera）的第一本小說《玩笑》（*The Joke*），很適合拿來說明這個概念，剛好可以用來一層一層解釋。《玩笑》的故事主人翁是一個叫路德維克（Ludvik）的年輕人，路德維克因為在一九五〇年代共產黨統治下的捷克斯洛伐克，開了不恰當的玩笑，「樂極生悲」。路德維克因為覺得暗戀的女孩不懂得欣賞自己，寄了一張明信片過去，上頭寫著：「樂觀是人類的鴉片！健康的氛圍蠢到發臭！托洛斯基（Trotsky）萬歲！」女孩將這張具有顛覆意涵的明信片交給有關當局，路德維克的未來從此天翻地覆，造成他多年後做出殘酷行為。然而，在小說的結尾，已經成熟的路德維克回想自己的過去，得出決定論式的結論（可能還是方便的結論）。路德維克判定自己開的玩笑所造成的影響，如同其他看似無害的行為，其實源自人類無法掌控的歷史力量（明顯與自由意志相反的主張）：「我突然覺得，一個人的命運通常在死亡之前，就已經完結。」

諷刺的是，《玩笑》不只說出路德維克的人生就此天翻地覆的故事。這本書出版後，昆德拉自己的人生以及他的國家，真實人生中的故事也因此發生變化。《玩笑》出版沒多久，一九六八年激進的社會運動「布拉格之春」（Prague Spring）擁抱這本書，學習書中桀驁不遜的態度，反抗壓抑民眾的政府，這本小說因而立刻被禁。昆德拉的書和路德維克的玩笑一樣，「自我複製成更多、更多的大量愚蠢笑話」。不久後，昆德拉失去教職，流亡法國，人生的軌跡就此改變。獨裁政權視這本小說及其名義上的玩笑為威脅，認為小說作者離經叛道，具有威脅性。政府（尤其是極權政府）與政治化妝師明白重新賦予歷史意義的威力。有能力影響「過去的意義」的人士，從根本上影響著認同過去的人在未來的行為。如同昆德拉的小說，以及許多前輩與後繼者的作品，問「為什麼？」，質疑客觀上如同墨水、紙張般無害的某件事的過去，成為引發漣漪效應的反叛行為……最終影響了昆德拉自身的未來。昆德拉在多年後的一場訪談中嘲諷，自己寫的每本小說都可取名為「玩笑」。

一切的一切，源自昆德拉除了出版了一本小說，還參與了史上最危險的一件事：他問了「為什麼？」

會問「為什麼」，顯然是覺醒了……主動質疑。《玩笑》這本小說證明了「問為什麼」的威力。「為什麼」具備的顛覆特質，可以從這個問題在史上掀起的改變看出來。此外，從政府機構、宗教拚命壓制人民問「為什麼」，以及最諷刺的是從教育體系拚命禁止我們問「為什麼」，也可以看出這個問題具備的顛覆性。創新者因此靠著問「為什麼」，展開得出新觀點的過程，改變「未來的過去」。創新者質疑的不是普通的事，他們質疑「我們當成事實的事」——也就是**我們的假設**。質疑自己內心的深層假設，尤其是定義著「我是誰」（或是定義著你的人際關係、定義著社會）的假設，是世上最「危險」的一件事，最有可能帶來轉變，也最有可能帶來破壞。「問為什麼」會有如此龐大的影響力，原因是這個問題會改寫過去，讓你以新方式思考先前認為「本來就是這樣」的概念與情境。如果你不問自己為什麼會有某個反應，就不可能出現不同反應。然而，學會不斷問「為什麼」並不容易，尤其是在這個不能沒有資訊的年代。

「大數據」是二十一世紀初的熱門詞彙，人人琅琅上口。從醫學到貿易，再到一天之中數自己「做了幾步運動」的個人，對於大數據的迷戀，已經在社會上許多領域生根，甚至有一個流行樂團也叫「大數據」（Big Data）。「大數據」一詞本身只是指數量非常龐大的數據集，大到需要靠新的數學分析法，以及無數的伺服器，才有辦法處理。大數據，也或者該說是蒐集大數據的能力，已經改變企業做生意與政府看待問題的方式，媒體大肆宣揚大量的資料庫，將帶來先前看不見的洞見。企業靠著蒐集民眾行為的詮釋資料（metadata）……目前主要的應用範圍是我們使用網路時的觀看／購買／旅行習慣……將有辦法直接對我行銷：針對我的「偏好」（也就是我的「假設」）下手。Netflix **或許**比較有能力針對我們的喜好推薦電影與節目；亞馬遜（Amazon）**或許**比較能依據我們在春天會買的東西，對著我們行銷，提振銷售量；交通 APP **或許**比較能依據我們對於趕時間與看風景的取捨，引導我們的路線；健康研究人員**或許**比較能察覺我們體內何處藏有健康危機。

諷刺的是，大數據**本身**不會帶來洞見，因為被蒐集的是誰／什麼／哪裡／何時（who / what / where / when）的資訊：有多少人點選或搜尋某件事、他們是何時、在何處做了那件事，以及其他所有可量化的數據。這堆誰／什麼／哪裡／何時數據帶給我們的東西，就只有「大數據」三個字坦蕩蕩說出的東西：一堆該死的數據……

要是少了讓情境有用的大腦（以及在未來，少了有 AI 輔助的大腦）——有效找出聰明隱喻，讓情境有意義——資訊幫不了我們。不曉得「為什麼」，就找不出可以運用在各種情形的法則（基本原則）……例如重力法則。重力法則不是只能用在特定一樣東西上，凡是有質量的物體都適用。另一方面，如果只知道結果，不了解背後的原因，也只是一堆漂浮在乙太之中的數據點，本身並未提供實用的東西。大數據是資訊，等同落入眼中的光模式。大數據就像人眼回應過的刺激史。前文提過，刺激本身無意義，可能代表著任何事。大數據也一樣，本身無意義，除非是具備轉化力量的東西，被用在數據集上……那就是理解。

理解可以減少數據的複雜性，讓資訊的維度（dimensionality）化為較低層次的已知變數集。想像你加入研發新型暖氣裝置的新創公司，你們想要針對特定人士行銷。做研究時，你測量各種活體動物的體溫，尤其是牠們的失溫速率。你發現動物皆以不同速率失溫，你測量的動物愈多（包括人類），手中數據就愈多。由於你很專心、很努力測量，你產出維度愈來愈多元的大量數據集，雖然你的測量看似簡單明瞭，其實每種動物都有屬於自己的維度。然而，測量出來的數據本身沒告訴你任何事，沒說出每種動物是如何有著不同的失溫率，也沒說出為什麼會不一樣。

你想整理這個失溫數據集，然而整體來講，你可以採取的方式五花八門。應該依據類型、顏色、表面特徵分門別類嗎？或是同時依據一個、二個或 N 個變數？最好的（或「正確的」）整理方式是什麼？此時提供最深度的理解的答案是「正確」答案。以這個例子來講，應該依據體型來分類，我們知道（因為真的有人做過這個實驗）體型與表面積成反比：體型愈小的生物，表面積相對大，失去的溫度也多，需要以其他方式額外補足失去的體溫。這個答案提供了演化試誤流程的條件，你因此知道該採取什麼辦法來找出解決方案。

好了，你得出適用於各種情境的原則。一度數量龐大、高維度的數據集，如今成為維度單一的簡單原則（維度「坍塌」〔collapse〕了）。這個原則來自利用數據，但不是數據本身。理解可以使你跳脫情境，原因是不同的情境會依據「原本未知的相似性」（原則存在的地方）被簡化。「理解」就是這麼一回事。你「理解」時，大腦甚至會有相關感受。你因為「認知負荷」（cognitive load）減輕，壓力與焦慮跟著減輕，情緒狀態獲得改善。

讓我們回到悶悶不樂、被犧牲的《玩笑》小說男主角路德維克。他的人生哲學是否能應用在人類感知上？你所感知到的「命運」，是否已經「注定如此」，你無力掌控，因為命運已經受歷史的演化力量型塑，自由意志無法反抗？絕對不是這樣。「為什麼？」這個問題不但促成了布拉格之春，也是法國革命、美國革命、柏林圍牆倒塌的源頭。帶來社會改變浪潮的革命者與普羅大眾，全都問了相同的問題：**為什麼事情要是這樣，而不是另一種情況**？有夠多人問自己這個問題時，突然間有可能發生非常難以預測的大事（無法以先驗方式加以定義的事）。原因很簡單：問誰／什麼／哪裡／何時所帶來的答案，是被隱喻上的街燈照亮的可見空間（也就是「**測量**」）。當然，整體而言，測量是必要的，敘述也是必要的，然而數據不是理解。舉例來說，傳統學校持續傳授可以測量的東西（靠填鴨式學習得到的答案），然而這樣的教學法，不會使被評量的學童得以「理解」。這是在街燈下教學。我們知道自己的鑰匙，不是掉在街燈照得到的地方，而是在暗處，但我們不尋找暗處，待在有燈光的地方，得出愈來愈多可測量的數據。儘管某些形式的測量，需要相當了不起的工程技術，不過蒐集數據很簡單，**理解**「為什麼」才困難。我再強調一次……重點不是知道，而是**理解**。也因此思考 TED 演講（TED Talks，有趣的思考者在台上向聽眾解釋理念的熱門線上影片）興起時，我們該思考的不是「值得分享的理念」，而是「值得問的問題」。好問題（多數問題不是好問題）和大腦一樣會揭曉與建立連結，自我們接觸不到的客觀現實中，建構出某種現實……我們用來理解未來的過去。

這就是為什麼作家喬治·歐威爾（George Orwell）有一句話相當有哲理：「每一個笑話都是一場小革命。」值得注意的是，問「為什麼」的歷史淵遠流長……從古希臘的蘇格拉底，一直到二十世紀的維根斯坦，這是自古以來哲學思想家的傳統。哲學家質疑先前的假設（或是偏見、參考架構〔frame of reference〕），加以闡揚、扭轉或試圖破壞，以新一套的假設取代，接著另一名哲學家以相同的方式，對新的假設做一樣的事。看似神祕的質疑法，一點都不神祕，不但是一種可以學習的能力，在力求明確萬靈丹答案的世界，也具備相當實際的重要性。這就是為什麼我們必須在日常生活中，重新找回哲學的方法與做法。任何有創意的事物，最初都是來自這樣的哲學質疑，這也是為什麼在逐漸消失的學科中，哲學可能是最實用的一個。學校甚至很少教孩子如何問問題，更別說教孩子什麼是好問題，也沒教找出問題的方法，也因此不論是從抽象概念或實務上來講，我們是「優秀工程師，卻是糟糕的哲學家」。

質疑自己的假設會催化革命，不論是小革命或大革命、科技革命或社會革命都一樣。我因為研究大腦，知道創意事實上一點都不「創意」，「創造力」的產生，只不過是以新鮮、有力的方式質疑正確假設，例如「羅塞塔石碑」（Rosetta Stone）的故事。

一七九九年時，在尼羅河旁的小港灣城市拉希德（Rashid）附近，一名法國士兵發現了羅塞塔石碑。羅塞塔石碑是一塊黝黑的花崗岩石板，高近四英尺（一二〇公分），寬度超過兩英尺（六〇公分），自今日已不存在的一座建築物（可能是神殿），被挪用為軍事要塞的建材。石碑從上至下，以三種「文字體系」刻滿複雜碑文：古希臘文、埃及象形文字（hieroglyph，祭司使用的聖書體）與世俗體（demotic，庶民使用的文字）。象形文字與世俗體是兩種呈現古埃及語言的方式，但當時沒人曉得這件事；口語與書面語混雜在一起，變形幾世紀，中間歷經不同帝國，只留下演變的線索，令後世百思不得其解。學者立刻意識到羅塞塔石碑可能具備的深遠重要性，當時他們對於在「吉薩」（Giza）金字塔群留下墳墓、木乃伊及其他神祕文物的法老文明，所知不多……對於這個文明的語言更是**一無所知**。羅塞塔石碑因此感覺像是天賜的良機，提供了解古埃及書寫系統最直接的途徑，連帶可以了解文字背後早已消失的文明。套用今日的科技流行語，羅塞塔石碑是「破譯密碼的搖籃」。

羅塞塔石碑的出土時間，碰上國際軍事陰謀的時代。拿破崙在一七九八年入侵埃及，意圖拿下大英帝國的遠方一角，打擊英國霸權。拿破崙最後失敗，但這次的入侵預示、甚至決定了羅塞塔石碑的命運，造成石碑出土時英法兩國都在——要不是因為法國，羅塞塔石碑甚至可能不會被發現，但打勝仗的英國把石碑帶回家。英法兩國就是在這樣的時空背景下，展開埃及學的學術競爭，一如兩國敵對的帝國野心。由於當時的學者通曉希臘文，還以為簡簡單單就能靠著希臘文，翻譯出羅塞塔石碑上的其他兩種「語言」，破譯上頭的符號，接著就讀懂古埃及留下的所有文字。唯一的問題是，沒人知道**如何**靠希臘文翻譯埃及象形文字與世俗體——至少最初沒人知道，直到尚—法蘭索瓦·商博良（Jean-François Champollion）登上歷史的舞台。

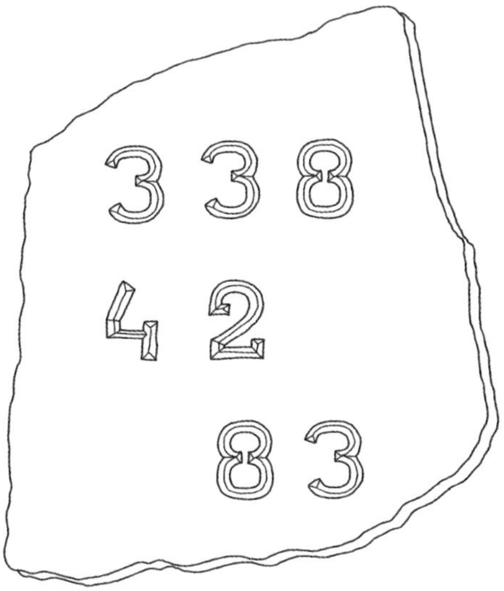

法國人商博良生於一七九〇年，羅塞塔石碑出土時，他還是個小男孩，不過最終會被尊稱為埃及學之父。商博良父親是書商，母親不識字，商博良在十六歲時，就已通曉十二種以上的語言。他很有天分，但枯燥乏味的學校讓他坐不住，不過古埃及讓他熱血沸騰。英國作家安德魯．羅賓森（Andrew Robinson）在《破解埃及密碼》（*Cracking the Egyptian Code*）一書中，提到商博良一八〇八年寫給父母的一封信，從那封信就看得出他著迷的程度：「我希望能徹底長期研究這個古國。有關於這個古國的巨大紀念碑的事，令我激動不已。這個古國的力量，有關於這個古國的學問，使我充滿對於它的景仰。我所獲得的新了解，必將使我的熱情與日俱增。我向兩位坦誠，與我最景仰的人士比起來，他們在我心中的地位還不如埃及人！」

商博良二十歲出頭時，已是人人敬重的語文學家與學者（他十九歲就當上教授）。他嚴格鞭策自己，狂熱學習每一種語言，研究拿破崙帶回巴黎的每一件戰利品文物。當時已經有人在那塊埃及出土的誘人巨大石塊上，留下小小的努力「痕跡」，其中最重要的人士是傑出的英國醫師兼物理學家湯瑪士．楊格（Thomas Young）。

上圖寫著數字的羅塞塔石碑有如一個隱藏版遊戲：各位如果拿出使用 T9 輸入法的舊型手機，在簡訊上打「3384283」，就會出現本書英文書名「DEVIATE」。

雖然在歷史上，楊格不如商博良出名，楊格是博學之士，和歌德一樣興趣廣博，不過他和歌德不一樣，是貨真價實的科學家，也研究過色彩感知。他雖然是「色盲」，卻做出色彩學最重要的基本預測——人眼在日光下運用了三種受器（也就是「三色視覺」〔trichromacy〕）。楊格耗費大量的時間與心血，研究羅塞塔石碑上謎樣的碑文，但一直找不到破解的關鍵。一八一五年時，商博良再度試圖全心全意翻譯羅塞塔石碑，學術的軍備競賽就此展開。

楊格及其他人試圖破解羅塞塔石碑時，全都假設埃及象形文字純粹是一種象徵性的符號，用以代表概念，與口語無關。然而，商博良在一八二二年一月，取得一份剛出土、提及埃及豔后的方尖碑碑文，進一步了解埃及象形文字的複雜性，其中一點是古埃及使用表音符號。

從這點來看，商博良如果要解開羅塞塔石碑之謎，他得質疑楊格的基本假設，才能建立新的正確假設：埃及象形文字**的確**也代表著發音……而且和科普特語（Coptic language，古埃及語的分支）有關。恰巧如飢似渴學習語言的商博良會講科普特語，他得出這個重大發現時欣喜若狂，據說他大喊了一聲：「我懂了！」接著就昏了過去。

我們通常把靈光乍現的那個瞬間，當成把兩個**離得很遠**的東西放在一起，心想：「哇！你是怎麼想到要那樣把兩樣東西擺在一起？我想也想不到！」兩樣東西離得愈遠，感覺就愈聰明。我們假設大的因，帶來大的果，然而羅塞塔石碑的故事讓我們看到，如果要真正了解事情是怎麼一回事，就得掃除迷思，檢視感知的機制。

我們先以第一手經驗，體驗一下「藉由質疑假設來改變假設」的威力，回到第五章我們改變過轉動方向的菱形。各位在翻本書的書頁，「讓」菱形轉動前，你的大腦處於特定生理狀態（也因此處於特定感知狀態）……你看見一組靜止的線條。第六章我們位於中心的圓球圖，可以代表那種「狀態」，我們是圖中央的「那個人」。

好了……請翻動書頁。

由於你的大腦帶有「我們一般會往下看著平面」的先天偏見（假設），你的經驗史造成菱形最可能往右轉。你翻動書頁時，大腦會接收每張圖之間的微小差異，感知成資訊可能代表的意義——而不是資訊本身——把物體看成在動、在往右轉；這一切全是你的大腦的主觀詮釋，而這個詮釋又是來自你過往的實用史。前文提過，在特定的瞬間，不是所有感知的出現機率都一樣，有的感知永遠比其他感知更可能發生。

右頁圖中的黑點，代表你可能感知到的東西。離你愈近，機率愈大。離你愈遠，機率愈小。菱形往右轉的可能性，位於靠近中心的地方，離你目前的「位置」最近。你的大腦依據自己與這個世界的互動史，踏出一小步，走向那個點。

因此，雖然理論上你還可能出現其他感知（菱形從右往左

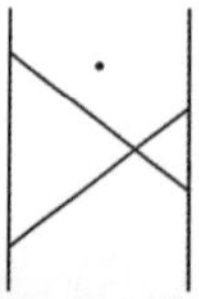

轉），那個感知位於可能性空間的「黑暗區」。不過，改變你的假設（你往上看，而不是往下看菱形的表面），你的可能性空間也會跟著改變，使先前不可能發生的感知變得可能（或是從可能變不可能）。

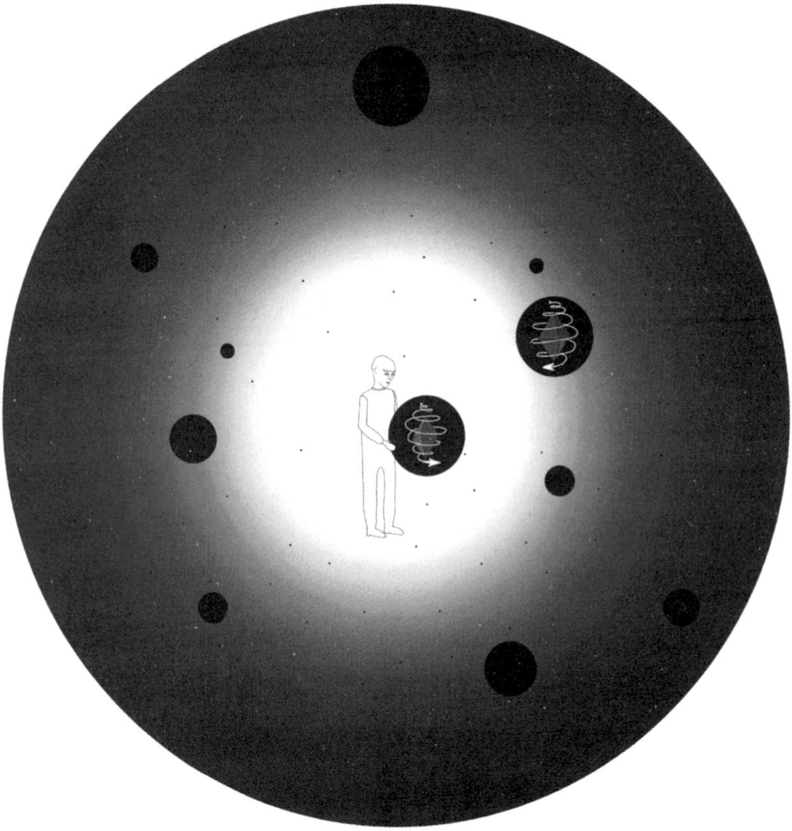

別忘了，感知不存在於《星際爭霸戰》（*Star Trek*）有傳送器的宇宙：行為不會「瞬間從 A 點移動至 B 點」（teleport）。你的心率會逐漸增加，不會突然從每分鐘跳五十下，瞬間變一百五十下，中間完全沒有過渡。你的肌肉無法使你這個瞬間坐著，下個瞬間就站著。商博良也不是突然開啓埃及學的研究，中間有一大堆小小的線性移動。身體是這樣，心智也一樣：你不會無緣無故突然恍然大悟。你可能感到「一下子想出點子」，但實際上中間發生了成千上萬接連不斷的迷你過程。如同花的發展是從心皮到花萼到花瓣，你不會突然間衝過自己的可能性空間；你被呈現過去的「最佳」選項的腦迴路給限制住，例如接下來這個相當當代的例子。

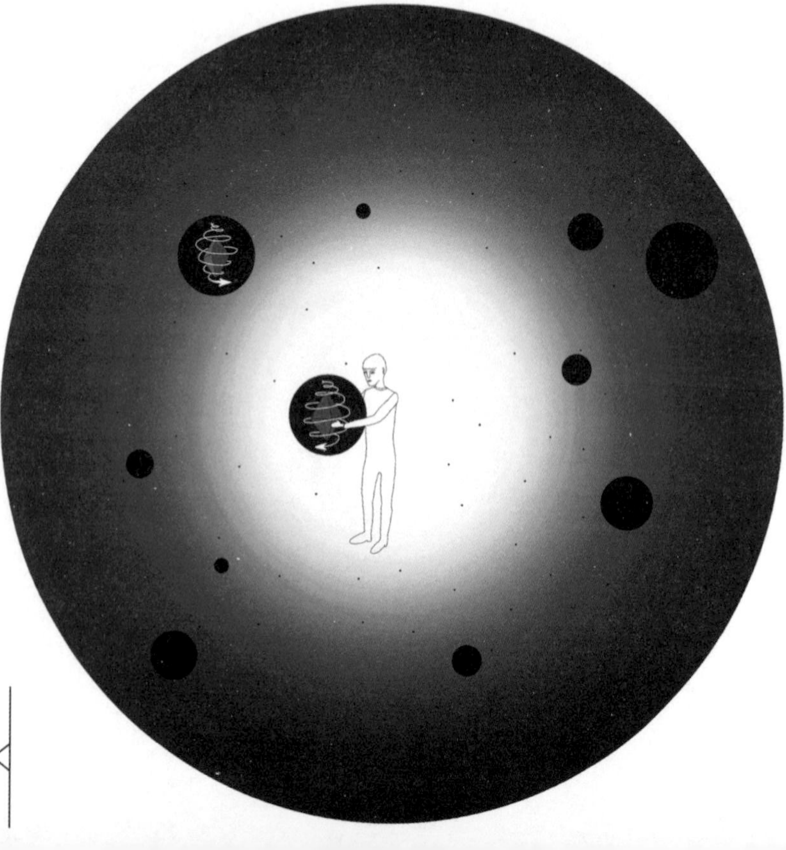

二〇〇八年三月，蘋果推出 iPhone。全球各地的人排隊苦候無數小時，等著搶購這個最新裝置。iPhone 據說是史上銷量最好的產品（足以和聖經媲美），但 iPhone 值得注意或具備啓發性的地方，不在於賣了多少台，賺了多少錢，那些數字只不過是描述人事時地物（或數量有多少）的資訊。真正重要的是了解 iPhone 以及隨後的智慧型手機如何改變我們，以及為什麼它們會改變我們。

智慧型手機提供我們與世界、與彼此互動的新方式（但不該就因此讚揚智慧型手機。這種「新」的互動方式在**某些**時候比從前糟），縮短了我們「長期存在的實體生活」與「今日的數位生活」之間的距離，提供史上最佳橋梁，讓兩種現實合而為一，成為一種單一生活。不論是好是壞，我們的未來就是如此。這就是為什麼智慧型手機已經改變我們的生活方式，以及為什麼賈伯斯（Steve Jobs）與蘋果的設計長強尼・艾夫（Jony Ive）（以及蘋果其他許多人員）影響了非常多人的生活，包括各位的，不論你是否擁有蘋果產品都一樣。他們提供答案給一個超越地理、文化、語言、個人個性的問題。那是相當驚人的成就，深深影響著共通的人類體驗……一個主要由大腦與大腦創造的感知所定義的體驗。

然而各位要了解，帶來這個龐大轉變的步驟很小，每一步都始於一個問題……尤其是「**為什麼**」這個問題。蘋果並未神奇地瞬間跳到 iPhone 的發明。賈伯斯、艾夫與整間蘋果公司質疑過去的感知模式，問了「為什麼」。外人眼中似乎跳脫框架或真的想不到的點子，對蘋果人來講，像是合乎直覺的邏輯。那些想法自然而然就發生在蘋果世界裡，即便這不代表蘋果人先前並未耗費很大的工夫找到它們。再次以感知的神經吸子模式來比喻，蘋果團隊得到的假設，使他們的「集體大腦火車」，停在別人甚至不知道可以是車站的點子車站。每一個問題都改變了可能性空間的架構，有時是大幅轉變。受影響的不只是一個人，而是成千上萬人。其他人的可能性空間如今永遠改變。

創造力與革命非常麻煩的地方，在於我們無法知道，一旦我們與廣大世界分享自己的看法後，將發生什麼事。有的洞見（例如埃及象形文字也表音）、有的概念（例如天文學家克卜勒〔Kepler〕發現我們其實不是宇宙的中心），甚至是有的產品（例如讓水手首度能逆風而行的三角帆，或是賈伯斯的願景與艾夫的蘋果設計哲學），對生活、對人一下子就產生重大衝擊。其他的則撲通一聲掉進水裡，然後就消失不見，例如一九八〇年代的 LD 替家庭劇院帶來的「創新」。為什麼有的點子或問題引發重大改變，其他的沒有？昆德拉在布拉格之春後，不得不過著流亡生活。為什麼是他，不是其他在同一時期也出版了作品的捷克斯洛伐克小說家？為什麼賈伯斯永永遠遠改變了現代生活，而我沒有，你也沒有？有辦法解釋這件事嗎？有。

體型壯碩的人跳進池子時，池子會水花四濺。體型瘦小的人同樣也跳進水裡時，濺起的水就少一點。這種事不用我說，大家都知道。然而，點子並未遵守相同法則，這也是為什麼創新的感知威力如此強大……人人都想擁有。

如果要了解「創造力」，我們必須挑戰「重大影響必定來自重大原因」的假設。不一定要「大」才能帶來「大」，而且其實最好不必以大搏大。每個人都希望做小型投資，就能幸運碰上「獨角獸」（估值超過十億美元的新創公司）。如何才能擁有創造力？答案是我們必須有能力問問題：看似「小」卻會帶來重大影響的問題；我認為這樣的問題才是所謂的「好」問題。看起來很大的問題（點子），反而可能產生很小的效果，或完全沒效，數學界一直在研究這個可以觀察到的事實，最終得出的解釋帶來科學界近年來最石破天驚的領域……複雜理論（complexity theory）。經由了解為什麼有的點子造成重大改變，有的點子沒有，我們可以學會以更有效的方式建構與瞄準問題，帶來所謂的創意突破。「為什麼」是帶來突破的問題，尤其是挑戰已知事實的「為什麼」。然而，由於我們執著於假設線性的因果關係，以為創意來自以靈光一閃的方式連結不同元素。我們必須先了解為什麼自己有這樣的誤解。了解一切是怎麼一回事之後，就能以新的方式去看、實驗與合作。

複雜理論是過去三十年間每個科學領域都在研究的主題，也是我的實驗室過去十五年間——從適應網絡的角度——積極參與的研究領域。複雜理論使我們的實驗室有辦法同時研究自然現象與人為現象，包括地震、雪崩、金融危機與革命。複雜理論協助科學家證明，相關的重大事件，其實是遵守數學模式與原理的互動元素所組成的系統。我們無法事先預知動亂，但動亂發生後，動亂的「動亂性」將符合統計分析或冪次定律，因為複雜系統最終會趨向「自我臨界」（self-criticality），占據「穩定」與「動亂」之間非常細微的臨界點，一粒沙掉下去（或是一九六七年捷克斯洛伐克出版了一本小說），有可能什麼事都沒發生，也可能引發山崩。大腦是已知的宇宙中最複雜的生命系統……甚至可能不只是生命系統，而是所有系統中最複雜的系統。

複雜系統的基本原理其實相當簡單（這裡不是故意使用矛盾修辭，就像藝評家形容某件雕塑品「很大但很小」）。系統之所以難預測、非線性（包括你、你的感知過程，或是做出集體決策的過程），在於構成系統的成分彼此互連。由於成分會互動，系統任一元素的行為，受其他所有相連元素的行為影響。我們全都是複雜系統，因為我們人類是一個整體，社會以及我們生存的大環境也一樣，包括演化史。然而，數個世紀以來，科學家採取不同假設，假設出一個實際上不存在的世界……一個「線性因果」（linear causality）的世界。主要原因似乎是大腦帶著這樣的假設演化，給自己有用的近似值（approximation）。那個世界有如牛頓的物理公式，A 造成 B 造成 C，整個世界不是一座舞台，而是撞球台。牛頓式的觀點以**近似值**的方式運作。來自這個東西的力，造成那個東西的運動；快樂帶來具備快樂效果的結果。這樣的模型實用，但不精確。真正的問題出在如果把系統拆解

生活與生活的感知，活在……之間……的空間。

成各種組成元素，不但會帶走讓這個世界自然的東西，還會帶走讓這個世界美麗……以及充滿樂趣的東西——**事物之間的互動**！生活與生活的感知，活在……之間……的空間。

（以上帶來了受生物學啓發的座右銘：「活在之間」〔Be in between〕。）

我們可以把相連的事物，不論是什麼，全部想成通常擁有非均勻連結（連結是「**邊**」〔edge〕）的網絡中的**節點**（node，元素）。任何網絡都一樣，有的節點擁有的邊（連結），多過其他節點。也因此我們可以回頭看先前談的問題，尤其是**好**問題……瞄準假設的問題。

我們的假設**毫無疑問**絕對是互連的，假設是和其他節點有連結（邊）的節點。假設愈基本，連結性就愈強。我們的假設會帶來由反應、感知、行為、想法、點子組成的高敏感網絡。假設會與這個網絡互動，構成一個複雜系統。這種網絡的基本特色是當你移動或擾亂有著強連結的 A，你不只會影響 A，還會影響**所有**連結至 A 的事物，也因此小事可能掀起萬丈波瀾（但不一定如此，通常實際上也不會這樣）。在高度緊張（high tension）的系統，瞄準基本假設的簡單問題，有可能以無法預測的方式徹底改變感知。

以接下來三個簡單的點圖為例，三張圖中都有十六個假設（節點）。在第一個圖，沒有任何假設是連結的（也因此沒有

邊）。第二個圖有一些邊；第三個圖所有的點全部連結在一起。現在請想像，你透過質疑，「移動」圖一右上方一個節點，只有那個單一節點動了。現在再想像在圖二做相同的事：三個節點動了。最後想像在圖三也動同樣的節點：這次所有的節點都動了。各位可以把這想成「天才點子」的視覺故事。一個關鍵洞見或理解引發連鎖反應，帶來其他洞見與理解，掀起「紙牌屋」效應，不再有用的假設坍塌。

在各位的大腦內，以及在各位的創造過程中，假設之間的互動是「**鑲嵌的體系**」。道理如同你的身體：身體由器官組成，器官由細胞組成，細胞由胞器（organelle，細胞的器官）組成，胞器由分子組成，不斷推演下去。基本上，社會只不過是組成所有人的分子元素不斷改變的密度，每一個都只是大體系內的吸子狀態，有如在衝向海岸前，在海上升起的波浪，或是湍急河流中短暫出現的漩渦。假設愈底層、愈基本，改變時對系統其他部分的影響力就愈大，因為階層建立在那些假設之上。正確的問題（就算小）因此可以造成人、發明、點子、制度，甚至是整個文化的轉變（理想上是愈變愈好，但世事不盡如人意）。

此處的腦筋急轉彎原則是「**讓問問題帶來一場『追尋』**」，一場踏進未知的旅程。最能帶來洞見的追尋始於「為什麼」……尤其是質疑你原先當成事實的事物，因為你的事實與假設高度連結。改變假設，你可能改變整個系統。也就是說，你踏進新的可能性空間的下一步，將是「有創意的」。你開始有選

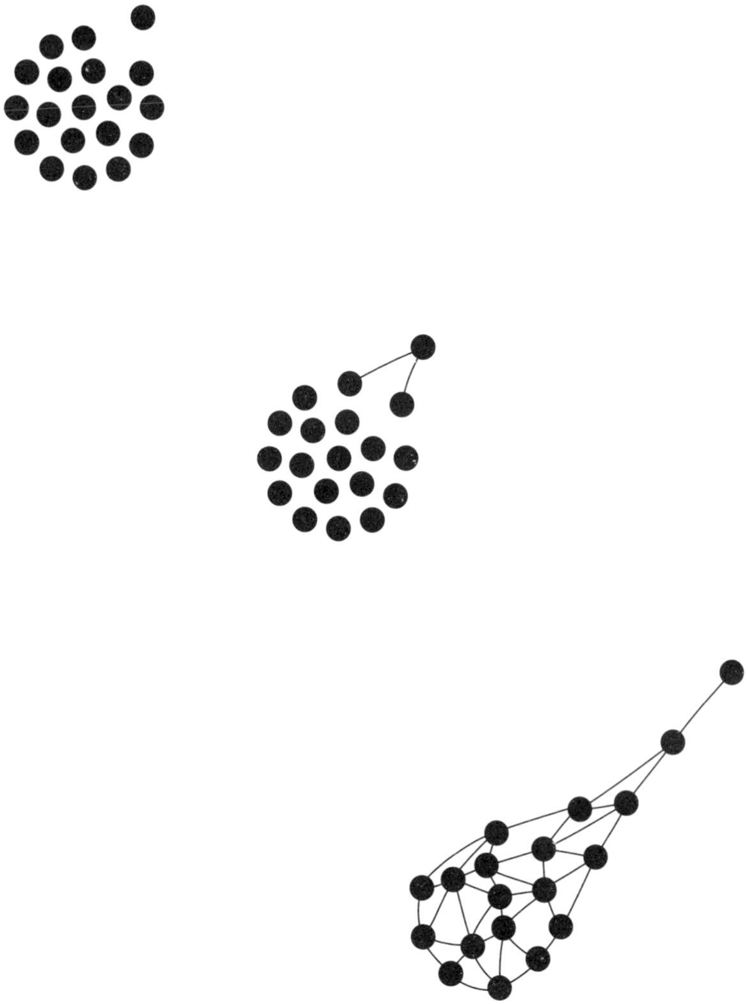

擇，而做出這個選擇時，你開啓了改變自身未來的過程。

大腦本身反映出交互關係的重要性。有創意的心靈，有著更高層次的大腦皮質活動……也就是在「靈感」發生的時刻，以及平常的時候，有更多點子在激盪。原因是模式變得更廣泛分布，也因此連結性與互動性增強。束縛也會減少，你腦中「不的物理法則」，那個喜歡阻止一切的聲音，愈來愈少出現，聲音愈來愈小。其實，有的迷幻藥也會對大腦產生類似的影響，例如存在於「迷幻蘑菇」（magic mushroom）中的物質。恩佐．塔格連祖奇（Enzo Tagliazucchi）、里昂．羅斯曼（Leor Roseman）及其他倫敦帝國學院（Imperial College in London）同仁近日的功能影像研究證實了這點。正常來講，我們看著一個景象時，多數神經活動只出現在腦後方的初級視覺皮質，然而服用 LSD（一種半人工的致幻劑）後，不僅視覺皮質會變活躍，其他更多區域也會動起來。換句話說，LSD 使活動有辦法穿透神經網絡的更多區域，連結大腦中更多不同的部分。許多人證實這樣的生理改變，說自己出現「自我瓦解」（ego dissolution），以及再也不分自我與外在世界的「同一性」（oneness）感受。也因此或許不令人意外的是，由於會出現這種更為「開闊」的視野，低劑量的迷幻藥（例如「迷幻」蘑菇中的賽洛西賓〔psilocybin〕與 LSD），已證實可以改善人際關係，輔助伴侶關係治療，以及降低憂鬱症病情達到一定的持續期間。相關的化學物質串聯起大腦中更多元的區域，就好像那些化學物質讓人看穿目前根深蒂固的假設，得出新假設……拓展可能性空間，進而改變「未來的過去」，也因此改變未來的感知（通常會帶來改善的結果；實際反應要看攝入劑量）。

以上聽起來像是在支持吸毒，但實際上只是「資訊」而已。如果各位感到情感上無法接受——人們經常無法接受——引發爭論的不是資訊本身，因為資訊本身是無意義的。如果你發生情緒衝擊，大概是因為資訊不符合你的假設，違反**你**心中認定的資訊意義。資訊沒有立場，但意義有。各位要如何解讀以上知識的意義，由你自己決定。

以上一切是在說，創意事實上是非常基本、人人都能做到的過程，其實就是靠著質疑繪製出可能性空間維度的假設，改變可能性空間。把這個世界分成（或自認為）「有創意的人」和「沒創意的人」，也因此是具有誤導性的說法。在動態的世界，我們全是需要力爭上游的魚兒……也就是說，我們全都需要偏離一下常軌，從問題開始，而不是從答案開始，尤其是「為什麼」這個問題。這個質疑假設的過程，絕對有可能辦到。我們全都有假設性空間，全都活在動態的情境世界，也因此我們都有能力改變那些空間，而且是不做不行。在現今的社會，我們說有創意的人能有創意，原因是他們有辦法看見不同事物之間的連結，而我們看不到。然而，對那個「有創意的人」來講，那兩個點子／觀點並不是感知過程中很大的一步（我們其他人腦中也不是沒有那些東西），而是帶來巨大轉變的一小步。從這個角度來看，我們傳統上認定的靈光一閃，其實完全不是創意。創意只是表象。

創意只是表象。

換句話說，只要我們能學習使用大腦中原有的工具，提出時機恰當的「為什麼」，改變「未來的過去」，就能改變小說主角路德維克未能扭轉的「命運」。然而，如果說「創意」不像一般想像的那樣，其實一點都不創意，為什麼要有創意這麼難？

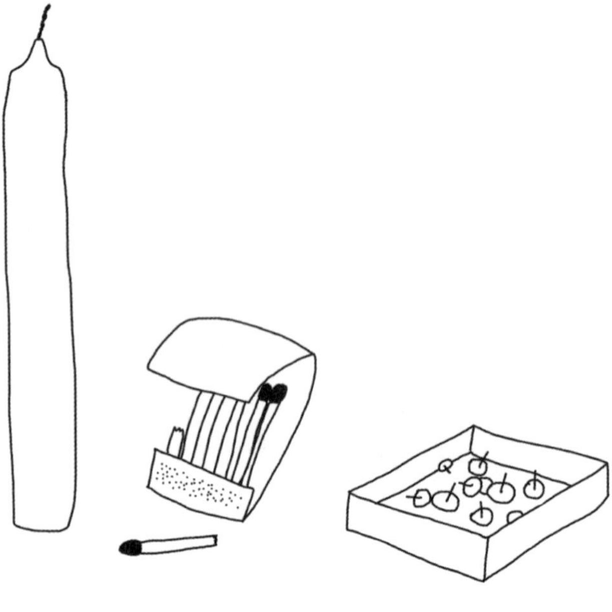

Making the I

第八章

讓隱形事物現形

visible Visible

*

影響深遠的問題，以及那些問題掀起的革命，源自推翻舊假設，建立更為理想的新假設。然而，問題在於我們通常看不見自己為什麼做了某些事。前文提過，型塑著知覺的假設，通常就像我們賴以存活的空氣……看不見，也因此我們問「為什麼」的時候，很難知道要從哪裡問起，又要針對哪些事來問，也因此我們將在本章學著看見看不見的事物。

請看 258 頁的插圖，有一根蠟燭、一包火柴、一盒圖釘。各位的任務很簡單：請利用圖中的東西，將蠟燭固定在牆上，接著點燃蠟燭。這個問題被稱為「鄧克的蠟燭問題」（Duncker's candle problem），名字來自提出這個難題的心理學家卡爾·鄧克（Karl Duncker）（先不要偷看答案）。請注意，此處設定盒中圖釘的長度不足以刺穿蠟燭。

想不出來嗎？多數人想破了頭也束手無策，我第一次看到這個問題也一樣。儘管「正確」答案（可能性空間中的 X）客觀上來講很簡單，多數人花很長時間才找出方法，甚至完全找不到。這是否代表我們這些人就是沒創意，無法將兩個不同的概念連在一起，無法完全進入「無意間幸運發現創意的神祕過程」？這是否代表我們缺乏創意基因，只有少數幸運兒才做得到思想的大跳躍？

別忘了，你的可能性空間地貌，由你的假設決定。上述圖的繪製方式是為了帶來某些假設，讓你腦中的某些活動模式（吸子狀態），比其他模式更可能出現。同樣地，請看下圖中的立方體（等一下再回來講火柴和蠟燭的事）。在這個看似立方體的結構中，上方的面顏色較暗，下方的面較亮，中間還有漸層。請注意——你不一定意識到這件事——上下兩個面的位置安排，以及中間的漸層，顯示光是從上方照下。這裡要注意的是，由於在人類的演化地點「地球」，光同樣也是由上方照下，我們的大腦，天生就存在這種源自大自然的假設。為了證明這點，我特別畫了這張圖（為了我和神經科學家帕爾夫斯的康士維錯覺〔Cornsweet Illusion〕研究），重點是讓上下兩個面的中間呈現漸層，使這張圖符合人類大腦的假設，啟動那個特定「鐵軌」，使你感到自己看見兩個亮度不同的面。

然而，上下兩個面其實一模一樣，是同一個顏色。

不信的話，再看下面這張圖，上下兩個面的中間區域，特別用圓圈另外印出來，各位也可以把書倒過來看，使視覺刺激不符合由上照下的光，此時錯覺感就沒那麼強烈，因為這下子視覺刺激比較不符合你心中的光照假設。

剛才立方體發生的事，也發生在蠟燭與火柴盒的創意挑戰。如同你看不見立方體表面的基本物質實相，你也看不見蠟燭挑戰真正的解法……因為你看到的東西，其實是依據你的假設構成的可能性空間來講，最可能發生的感知。不過，如同旋轉本書頁角的菱形時，改變假設會改變下一個可能的感知，蠟燭難題之所以難以破解，不是因為答案本身很難，而是你沒發現被刻意設計的「刺激」所帶來的「假設」。如果知道那些假設是什麼，真正的答案就會呼之欲出，因為依據解決這個謎題所需的新假設來看，那是最明顯的答案。

好，重新想一想，我們是否**真的**沒創意，也或者我們只是沒注意到自己的假設……假設限制住我們有可能看到、考慮到與想到的事物。探索後者此一可能性的方法，就是花點時間，試著在心中找出自己對圖中的每一樣物品，抱持著哪些假設。

你對圖釘有哪些假設？你對火柴盒有哪些假設？你對於蠟燭本身有哪些假設？清楚說出那些假設，甚至寫下來。為什麼你覺得圖釘有 A 功能，而不是 B 功能？接著這個問題之後，再問下一個問題……再問下一個……一直問一直問，問的過程之中，你會開始即時看見自己看待事物的方式。以這種方式問為什麼很有用，除了可以挑戰假設，也能找出假設，使你能在同一時間，在腦中同時想著數個現實，甚至是相互矛盾的現實，接著加以評估。好了，這下子是否出現不同的可能性？

在蠟燭問題的第一張圖中，圖釘放在盒子裡，也因此你的大腦出現阻力最少的感知，你假設那個盒子是一個容器，裡頭裝著東西。就只有這樣，直到你考慮「那個盒子**還能是**其他東西」的可能性。因此，當你看到第二張圖，看見圖釘放在盒子外，這個刺激使你的大腦擺脫第一個假設（「容器」），讓「架子」這個念頭得以冒出來。當然，你可以在腦中把圖釘從盒子裡取出，但你根本沒想到要這麼做，因為就連問題本身，也被你的假設限制住。不過，對那些的確改變了盒子假設的人（有意識地改變，或更有可能是無意間改變）來講，答案就會在「啊哈！」的瞬間冒出來。然而，這是否**真的就是**頓悟時刻？

不是！這一刻不是神奇的靈光一閃，而是如同發揮創意的人的所有創意一樣，只不過是小小的、合乎邏輯地、一步步接到下一個可能的感知。由於好的問題帶來新假設，可能性空間被重新整理，恰巧發揮大作用。我們的創意被堵住，不曉得如何解決蠟燭問題，背後的原因不是因為每個人天生的「連結不同概念的能力」不同，而是人類這個物種，天生傾向於「看不見自身感知行為的成因」。這點是我們無法以不同方式看事情、無法跳脫無聊傳統觀點的最大障礙：我們看不見假設，它們也看不見我們。這種有偏誤的盲目，帶來了我前文提到的「不的物理法則」。說「不」的人，不一定知道為什麼自己拒絕，只是他們先前在類似情況下都一律拒絕，也因此表現得像是自己的感知有如恆久不變的自然法則，進而不可能一直問問題，直到獲得洞見（察覺自己的假設）。然而，現在我們已經知道，我們由自己的假設組成，為什麼我們依舊對許多關鍵假設視而不見？到底要怎麼做，才能不斷發現自己的假設，喚醒沉睡的創意？從宗教狂熱，一直到日常的偏執，這樣的盲目帶來太多破壞，我們如何能解決這種概念上的盲目？

我們經常看不見自身假設的主要原因，在於大腦傾向於把自己看成穩定不變。套用我的另一半引用我們最愛的詩人華特·惠特曼（Walt Whitman）的詩：「我之中有無數的我」（I contain multitudes.）。從詩的角度來看，這句話是美好的隱喻，說出了人類的心靈特質。對神經科學來講，這句詩點出已被證實的感知現

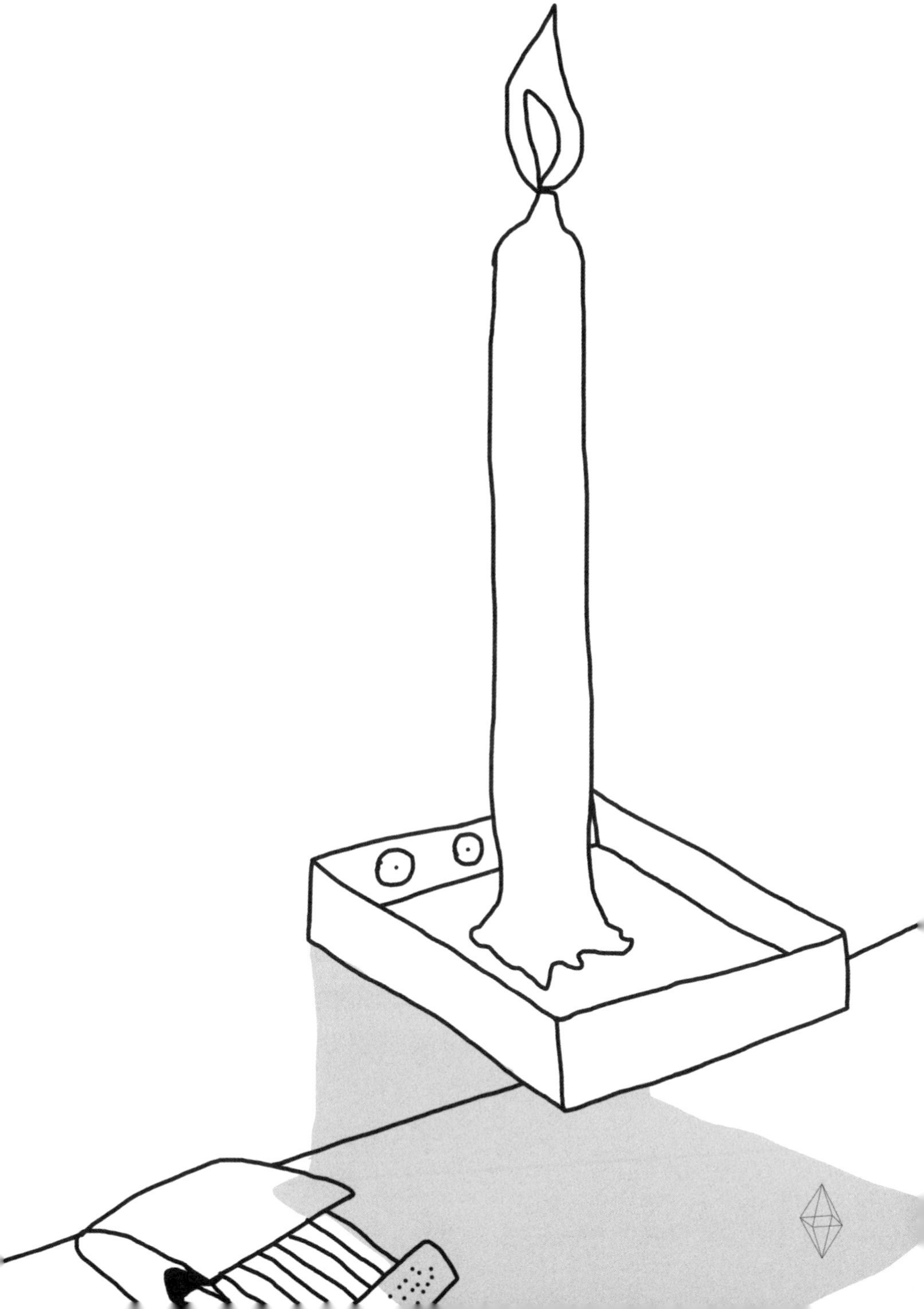

象。如同認知科學家布魯斯・胡德（Bruce Hood）所言：「我們是我們這個人的故事——我們的大腦所建構出來的敘事。」從這個角度來看，我們就跟我先前帶大家看的光影錯覺圖一樣，顏色的明暗度會隨著周遭事物改變。我們的假設——以及隨之而來的個性——在不同日子、不同地方、不同人身旁會跟著變。然而我們很少從這樣的角度看待人生，因為無常使我們感到焦慮。

人類不喜歡變動的證據，包括企業砸下數百萬、甚至數十億美元做宣傳時，把民眾當成永遠都一樣，永遠都不會變。二十一世紀的商業界花很大的心力定義消費者。眾家企業其實是在問：「那個消費者的假設是什麼？」Google與臉書（Facebook）發現資訊的「價值」，率先大力推動這股潮流。不過，Google與臉書要的不是資訊本身，因為我們也知道，原始資料就和落入視網膜的刺激一樣，不具備意義。Google與臉書想知道的，其實是為什麼你搜尋了某樣東西，由關鍵字的語義負責解答。矽谷目前的發展重心，有很大一部分放在贊助找到特定人類假設資料的企業。不過，這股浪潮從數十年前的「精準行銷」（targeted marketing）就開始了，其實就是利用某個人的偏見來販售商品，然而要是不曉得那些偏見是什麼，不可能做得很成功……你得知道別人的「為什麼」，也因此許多公司自然而然採取另一種做法：把消費者當成不受周遭情境影響、不會變化的一群人……就好像我們是一群平均值。公司採取這種做法，是因為找鑰匙的時候，這是被燈照亮、有辦法測量的一段路，然而所謂的「有辦法測量」，本身有其限制，而且基本上不符合群體生活的現實。

舉例來說，如果你正在談戀愛的對象，把你當成一個擁有一般平均假設的人，你會有什麼反應？此外，想像一下，另一半給你平均程度的愛，花平均時間與你相處，每週以平均次數、以平均的方式和你擁有平均表現的性愛，並且分享平均程度的感受，接著在平均年齡抵達里程碑，結婚生子（但生下的孩子最好不是平均數量，要不然會有零點幾個孩子）。出乎意料的是，由於人類全是同一個主題的變奏，這其實是不壞的策略。採取這種平均策略的伴侶，大概會得到還OK的結果，我們的自尊不會太受傷……應該說一開始還過得去，因為我們人全都有基本的共同假設。多數關係都是這樣開始的……這其實是一種相當實際的做法，因為我們在做多數未知的事情時，一開始只能從一般假設出發。

然而，這在長期來講也是一種好策略嗎？絕對不是。在世上與他人互動時，把人們當成不會改變、可測量的「平均值」，可能會有糟糕的結果。

二〇一四年時，內衣廠商維多利亞的祕密（Victoria's Secret）在英國展開主題是「完美身材」的宣傳活動（The Perfect Body Campaign）。一如往常，雖然廣告的目的是讓顧客看了想買，新內衣產品線的廣告照片上，卻是三圍傲人但又瘦如紙片的超級名模，多數潛在顧客自慚形穢。維多利亞的祕密原本希望這系列的廣告推出後，民眾將「嚮往」自己能變成那些模特兒，瘋狂搶購，然而憤怒的女性同胞，展開反維多利亞的祕密的運動。Change.org 上的請願在網路上瘋傳，民眾提出明確的訴求：「我們要求維多利亞的祕密道歉，負起責任。他們的『完美身材』廣告，對女性的身體與評價女性的方式，傳遞了不健康的有害訊息。我們要求維多利亞的祕密改掉『完美身材』胸罩系列廣告上的用語，不再推廣不健康、不實際的美麗標準，並且保證未來不再採取這種有害健康的行銷方式。」

維多利亞的祕密未能針對潛在顧客真正的自我認同做行銷，不過更重要的是，公司未能針對潛在顧客「心中認定的美」來做行銷，沒顧到民眾有各式各樣的身材與氣質。維多利亞的祕密只訴求單一的美麗概念（通常是理想版的「平均」美女），沒照顧到人們多元的個人生活，也沒照顧到大眾對於「美」的看法其實很多元。維多利亞的祕密所犯的錯，不在於廣告放上「辦不到的身材」，問題在於公司自以為知道顧客的可能性空間由哪些假設構成……以為女性全都想要擁有同一種「完美的身材」，但其實她們不想。那種身材是辦不到的事，所以消費者要的是感受到品牌反映出她們自身的獨特之處，而不是被品牌拒於門外。維多利亞的祕密最終拋棄先前「廣告上放什麼能帶動銷售」的假設……或至少捨棄了一部分。公司沒換掉廣告上的照片，但提出新口號：「適合所有人的身材」（A Body For Every Body）。

維多利亞的祕密表現得像是無頭蒼蠅，疏離了自己想拉攏的群眾，對業績來講不是好事。此外，雖然維多利亞的祕密在推出那次的宣傳之前，大概做過「焦點團體」（focus group，聚集一群消費者，請他們就產品發表意見）或其他類型的消費者研究，那些研究顯然失敗了，維多利亞的祕密似乎不懂消費者的可能性空間，或是不懂每個人**身處的情境**不同，可能性空間會因人而異。企業如果想要真正了解自家顧客，應該少放一點注意力在一般的市場研究法，例如焦點團體和問卷。此類方法只有在穩定不變的環境中才可靠，以及當消費者，嗯，不是人的時候，才會結果一致。前文提過，人類除了反覆無常，還不了解自己。社會心理學家所做的研究已經證實，人們給出的答案**不真實**的程度相當驚人。研究證據顯示，人們的答案反映出他們想當的人，而不是他們本人實際的情形。此外，有時人們會隨意填答，甚至因為給了假答案而竊喜。這就是為什麼必須在「**我們的自然棲息地**」做研究，也就是人們依據連帶的後果（可能微不足道，也可能事關重大）、真正做出決定的地點，也因此較為可靠的方法是研究人們的**行為**，而不是研究他們事後回想才做出的解釋。有關於感知的實用原則是如果你想了解人類，或是人類製造的情境，你需要知道他們的假設，但不要直接問他們！此外，如果你想了解自己，有時最好的方法是**問別人**。研究已經顯示，旁觀者清，比起我們自己，別人更有能力預測我們的行為——以有用的方式預測。不過，我們的確有重要的內建方法，有辦法看清自己……有辦法不把自己當成「平均值」，來點腦筋急轉彎，提出問題。

是什麼方法？答案是「情緒」。我們需要知道的一切，「感受的生理學」通常能告訴我們。情緒很重要，因為我們的情緒（與其他事）是指標，或是「代言人」，透露出我們對於自己的假設（例如有的人得知迷幻藥物對個人生活有正面影響的資訊時，可能會發生的事）。我們進入任何情境時都有預期。大腦會獎勵你預測未來的能力（包括預測他人行為），方法是在皮質的不同區域，釋放帶來良好感受的化學物質。然而，萬一預測錯誤，你將心緒不寧：你感受到負面情緒，你的感知充滿隨之而來的感受。弄錯假設代表你的可能性空間裡不存在有用的預測感知。因此，你碰上衝突時（與自己、他人、世界發生衝突），你感受到的負面情緒，只不過是反映出現在發生的事不符合你認為事情「應該」要怎樣才對；也就是說，現在的意義，不符合過去的意義。值得注意的是，你進入一個情境時，如果清楚意識到自己的假設，就算最後的結果不符合假設，你的情緒反應不會那麼激烈，因為你一開始就知道，究竟是哪些原因造成你那樣看事情。我從前在倫敦大學學院的研究同仁，找出一個公式，可以大略預測在某個情境下，某個人會感到開心或不開心。此一研究發現的基本關鍵是「事件是否符合預期」。此外，期待某個事件符合期望，將在你期待的過程中，改變你的快樂程度……直到你實際體驗到那件事。快樂本身，通常來自預期一件事會發生，因為多巴胺（大腦中眾多物質中的一種神經傳導物質，與正面感受相關）會在預期正面事件時飆高，接著在事件的實際發生期間回落。

EXPECTATIONS

（預期）

這樣講吧……如果要從比較生物學的角度，看缺乏創意的問題……想想暈船就知道。我們搭船時，有時會噁心想吐，如果待在甲板下方，更是特別容易暈。暈船的原因是我們的兩種感知起衝突。我們的眼睛，跟著我們身邊的船一起動，等於是在告訴大腦：「我們站著不動。」然而，由於我們的內耳接收到的訊息是我們在動，內耳告訴大腦：「不對，我們絕對在動。」大腦中的前庭與視覺系統相互衝突，大腦碰上不確定的狀況，而大腦對於這個內部生物衝突的主要反應是作噁。作噁是大腦在告訴身體：「快點離開這裡！」如果要解決這個相互衝突的不確定情形，你可以躺下閉上眼睛（不再有矛盾資訊在腦中打架），也可以走上甲板，眺望海平面，使眼睛與內耳帶來的感官輸入，變成相輔相成的確定資訊。這下子世界讓感知「感受」再度合乎邏輯，你的身體鎮定下來。然而，如果你的身體不鎮定，不確定性造成的壓力，將大幅縮限你的可能性空間，以求讓身體反應敏捷起來，增加效率。

暈船嚴格來講不是一種情緒，但了解這就是情緒一般的作用方式很有用。首先，碰上不開心的大小事時，你就可以做一件實際的事……問問自己，哪一條假設出錯了。在工作上或在私人生活中，做這樣的事後檢討很有用，可以讓自己找出先前沒看見的引導自身行為的假設。一旦看見那個假設，就有可能做選擇。

也就是說，如果要真正找出自己的假設，替換或拓展成新假設，你必須不斷踏進帶來情緒挑戰的情境，**主動體驗**不同！這裡所說的「情緒挑戰」，指的是某個體驗或環境不符合我們的假設（預期），但這種情緒挑戰其實是好事，因為主動尋找對照，是帶來改變（以及讓大腦動起來）的引擎。**多元體驗**因此是一股改造大腦的力量，新的人、新環境，除了可以讓我們發現自己原先的假設，還能帶來新假設，拓展我們的可能性空間，而旅行是特別實用的方法，可以使我們體驗對照差異。

近年來一個正在成長的新興研究領域，專門探討人們在旅行時敞開心胸，因而對「創意」與「大腦」帶來的影響。這個新研究領域的開拓者是賈林斯基教授及其研究同仁，也就是前文第五章提到的「衣著認知」研究者。賈林斯基、威廉・邁達克斯（William Maddux）、亞由・亞當二〇一〇年發表的論文發現，「在國外生活」與「創意智商（creative intelligence）增加」，兩者之間有強烈的關聯。三人的實驗在法國舉行，研究對象是住過其他國家的法國大學生。研究人員以兩種方式，在兩種不同的情境下「促發」受試者，也就是要他們做會引發某種心理狀態的事，接下來，研究人員要求受試者做相同的實驗任務。促發的方法，是要求受試者首先寫下自己「從不同文化中學到新事物」的經驗，再來則寫下「從**自身**文化中學到新事物」的經驗。完成促發任務後，他們必須完成填字測驗（類似前文請各位做過的字母串練習），結果如何？受試者被促發自己在國外多元文化體驗之後，遠遠更有創意。換句話說，當他們用上自己在其他國家獲得的感知史，他們的可能性空間出現更高階的維度（也就是變得更為複雜，後文會再進一步探討這個主題）。在國外生活過，已經使他們發現構成自己「過去的感知」的許多假設，也因此他們比較不會抓著從前的偏見不放。此外，他們因此比較看得出哪些假設已經過時。不過，一旦看得見自己的偏見後，人們會怎麼做，依舊要看這個人願不願意改變先前的做法，以及最重要的是，還得看他們身處的生態（恰巧處於那裡／自己創造出來的生態）。

我發現住國外通常會帶來兩種常見的反應。一種反應是變成更極端版的自己（變成典型「僑民」，抗拒外國文化的「異端做法」）。一個人原先的假設變得更穩固，**因為**它們與另一個文化的不同假設形成對比。大量的心理證據顯示，人們處於不確定的新環境時，通常會變成極端版的自己。相當諷刺的是（大腦充滿各種諷刺的事），如果不斷以合乎邏輯的理由向人們指出，他們的假設有誤，他們反而會更緊抓著自己的假設不放，那個假設很快就不再是知識，比較像信念，例如近日的氣候變遷「辯論」，就出現了這種現象。BBC及其他具備公信力的新聞媒體，必須給辯論的正反兩方相同的發言時間，但兩方觀點獲得的支持程度不一定一樣。

住過國外帶來的另一種較為開明的常見反應，則是接受另一個文化（**思想正面**、具有建設性）的假設，帶來具備更高維度的可能性空間，也因此自然帶來程度更高的自由（數學上與譬喻上的多元）。我非常榮幸能碰上他人帶來的不同體驗，效果極度正面。我任教於倫敦大學學院時，指導過一位來自以色列的研究所學生，我很榮幸能與一群來自以色列的人成為朋友（此外還有來自蘇格蘭、英格蘭、智利、美國、以及其他世界各地的人）。那位學生雖然二十二歲之前都在以色列長大，她不曾與任何巴勒斯坦人有過深交。像我這樣的外人，很難想像這樣的事。我唯一能了解世界各地情形的資訊管道，只帶給我粗淺的認識。我學生搬來倫敦時，不用說，她需要適應新環境。很巧的是，她找到的公寓，位於有很多巴勒斯坦居民的一區。我學生因為來到倫敦，得以感受到在以色列無所不在的對於巴勒斯坦社群的假設。她回以色列時，重新定義「家」的概念，以不同眼光看待以色列及其人民。或許更重要的是，她也以不同眼光看自己。從這個角度來看，多元文化主義是好事，帶來不同生活方式。事實上，任何大都會要是想鼓勵創新，絕對少不了多元文化主義（不只是人口組成多元很重要，居民多元的創新生態也很重要……後文會再談這件事）。研究顯示，接觸多元的生活方式，除了可以促進同理心，還能爆發創意。

賈林斯基等人做的另一項研究是〈異國風時尚〉（Fashion with a Foreign Flair），這次的研究發現獲得更多迴響。他們離開實驗室，探討「創意」與「在專業時尚界成功」的關聯，研究全球知名的時裝設計公司二十一季（十一年）的作品，最後發現「創意總監的國外專業經驗，可以預測他們的作品具備創意的程度」。沒錯，如果公司領導人不只住過國外，還在外國工作過，他們比較有創意，而且會連帶影響整間公司的文化。如同主人會影響派對風格，公司領導人會把自己對於領導的假設帶進公司。讓工作環境裡至少有幾個待過國外的人，可以讓整間公司更強。雖然領導者帶進公司的外國經驗，影響力將最大，但不論在公司的哪個層級，假設愈有彈性愈好……不只是腦力工作如此，人際交流也一樣。《個性與社會心理學期刊》（*Journal of Personality and Social Psychology*）二〇一三年刊出的長期性研究指出，我們「踏上旅程」時，通常會變得更好相處、打開心胸、比較不神經質。願意敞開胸懷，自然更可能看出影響著自身看法的假設，所以說……

當個外國人吧。當陌生地方的陌生人會帶來新腦袋，更能看出需要質疑的假設，主動問問題。

不過，全球跑透透的生活方式帶來的好處，有一定的限制，也或者該說，住在國外的專業人士應該努力達成「甜蜜點」（sweet spot）。賈林斯基的時尚研究發現，如果太常跨國移動，或是待在和自己的文化相差太多的環境之中，創意反而可能出不來。背後的原因大概是挑戰性大的情境，造成大腦釋放壓力荷爾蒙，壓過與創意有關、自由流動的感知電模式，大腦改採隨時準備好「戰或逃」的反應模式。各位可以回想一下前文戴蒙德的老鼠實驗。把老鼠養在豐富程度不同的環境時，環境愈豐富，老鼠的大腦出現更多連結。然而，環境變得過度豐富時，老鼠大腦的複雜程度反而**下降**。當然，怎樣算「太多」，每個人不同。重點是在國外生活與工作好處多多，但文化上、語言上、經濟上，不能是完全從零開始，否則反而會有反效果。

當然，不是每個人都有機會為了找到自己的假設（以及其他目的），到國外遊歷一番，更別提在外地生活與工作。這代表我們注定會被有幸那麼做的競爭對手打敗嗎？不是的。如果想要找出假設，開啓新的「未來的過去」的可能性，不一定需要跑到世界的另一頭。如果你願意問為什麼，就算是待在自己的國家，依舊有可能帶來新的大腦和感知，例如跑到旁邊的州、鄰近的城市，甚至只是跑到同一個城市的另一區也可以。關鍵是讓自己接受對照組的情境與生態的挑戰——以及對照帶來的情緒反應——迫使自己進入不熟悉的試誤情境，將結果記錄在個人的反應神經

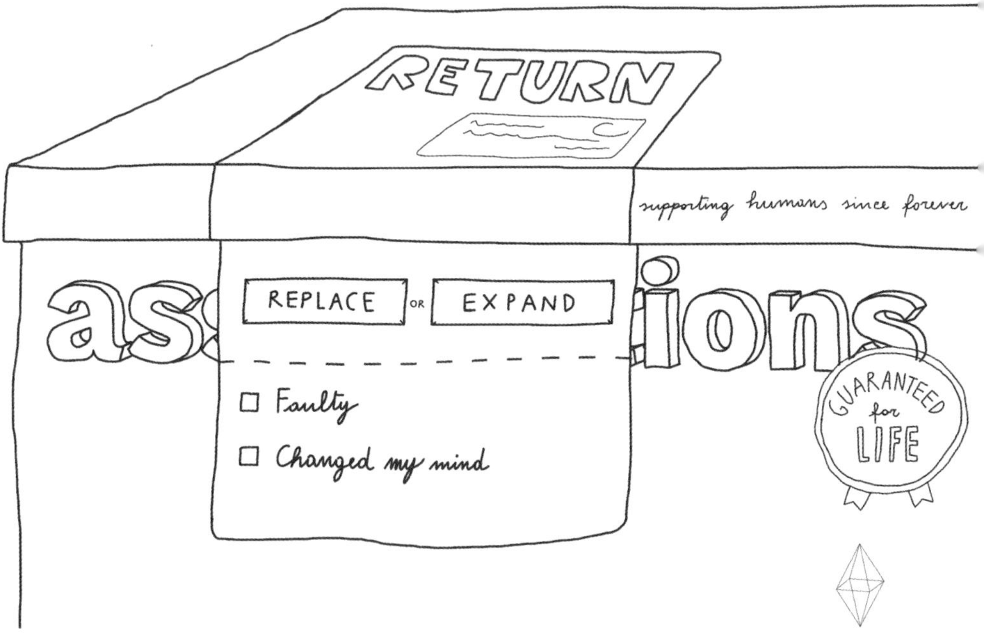

史中。你也可以在自己的腦中旅行。

先前的章節提過，大腦編碼「想像的經歷」的方式，幾乎和「實際碰上的經歷」是一樣的，也因此專心想像可以代替旅遊，這點或許解釋了為什麼「旅遊寫作」這個文類如此受歡迎（其實所有的閱讀也是一樣的道理，書本可以帶我們進入不熟悉的世界）。旅遊作家代替我們出門，當我們的替身，他們發掘自身假設的過程，變成我們自己走過的路。美國作家保羅．索魯（Paul Theroux）是這方面的高手，他擅長描寫在旅途中，通常會烏煙瘴氣、碰上大小麻煩，但也從中體驗到人性的光輝。

這是現實人生中的試誤。我們除了以這樣的方式發現自己的偏見，實際上還得出新偏見。

索魯是資深探險家，曾搭乘「西伯利亞鐵路」（Trans-Siberian Railway），還曾穿越阿富汗，在內戰期間造訪阿爾巴尼亞。他除了以幽默的抱怨口吻講述自己的旅遊經驗，也以感人筆調寫出我們旅行的原因：「我感到渴望旅遊是一種人性：你希望不斷前進，滿足好奇心，放下恐懼，改變生活的狀態，當個沒人認識的人，交朋友，體驗異國風景，冒險走向未知。」索魯還寫道：「灰頭土臉的旅遊會帶來最大的收穫。」

那就讓自己灰頭土臉一下吧。

閱讀雖然具備強大的力量，**身體力行實際參與**這個世界，的確最能使我們找出自己原先的假設，得出不一樣的新假設……方法是走出去！此時大腦能以最有效、**最持久**的方式得出意義，並重新賦予過去的意義新的意義。這是現實人生中的試誤。我們除了以這樣的方式發現自己的偏見，實際上還**得出**新偏見。

德斯汀．桑德林（Destin Sandlin）是來自美國阿拉巴馬州的飛彈工程師，已婚，有兩個孩子。他的個人活力充滿感染力，講話帶有迷人的南方口音，笑容可掬，無時不在微笑。此外，他還做過五花八門的事，包括在水下發射 AK-47 步槍、研究貓咪以「慢動作」空翻的物理學、讓蜂鳥在他嘴裡含著的餵食器覓食、取出世上最毒的魚的毒液、分析節奏口技（beatboxing）表演者的嘴部運動、吃羊腦、以每秒三萬兩千張畫面的速率（FPS）記錄刺青師傅的工作過程。現在想一想，他拍攝的影片幾乎都使用極高的 FPS，畫面效果驚人。桑德林為什麼要做這麼多奇妙的事？

表面上的理由是他在 YouTube 上，製作了極受歡迎的科學節目《每天更聰明》（*Smarter Every Day*），目前已有一百多集。然而，真正的深層理由，其實是桑德林先天與後天都想追求極度多元的人生體驗，他用這種方法來問問題（即便他太過謙虛，不會這樣講）。他說自己只是好奇事物的運作原理，想知道為什麼某件事會那樣，以及科學是如何解釋有如謎題的事物，例如為什麼有鐵腹功的傳奇人物胡迪尼（Houdini），卻在某次肚子挨拳後死去；在南北半球沖馬桶，水流會不會往不同方向旋轉（會）。一切的一切，其實只是在用精心呈現的方式，說出桑德林真正在做的事：把新體驗加進自己的感知過往。桑德林的感知過往，不斷透露出他對於周遭世界的假設。桑德林看見的人生版本，不傾向一般人的平均體驗，而是傾向他個人（經過深思、也引發思考）的奇思妙想。桑德林透過拍影片問問題，改變了自己的大腦在未來的可能性。

在〈左右顛倒的腦反應腳踏車〉（The Backwards Brain Cycle）這一集的影片中，在桑德林工作的公司，有一位焊接工設計出一台特殊腳踏車，手把往左轉的時候，車子會往右轉。手把往右轉，車子會往左。桑德林立刻發現自己的第一個假設：他還以為這輛車沒什麼大不了，小事一樁，他一定會騎。他可以立刻把左右要顛倒這件事，加進自己的動作處理神經迴路，然後就能順利騎好這輛腳踏車。抱歉，沒那麼容易。桑德林挑戰這個假設，在**真實世界中活出體驗**，以身體力行的方式質疑……他每天花五分鐘練習，結果花了整整**八個月**才學會操控那台腳踏車（他年紀尚小的兒子只花了兩星期，年輕的大腦具備良好的神經可塑性，有辦法以比成人快的速度整合回饋〔經驗與試誤〕）。我特別喜歡桑德林的實驗的一點，在於他也認為要親身**活出**自己談的東西，說到做到，也因此他四處演講時，隨身帶著那輛特殊腳踏車，連跑到遙遠的澳洲都一樣。幾乎每一次都會有聽眾自願上台，自信滿滿騎上那輛腳踏車……接著就摔車。就這樣，桑德林的生活實踐方式與可能性空間，改變了其他人的人生。桑德林分享自己如何以親身實踐的方式問問題，找出假設，還邀請其他人一起參與，因而改變了參與者的大腦與感知。桑德林給了他們潛在的新反射性反應。

桑德林的反向大腦腳踏車實驗，挑戰了他腦中一個看不到的偏見。桑德林從小到大騎一般腳踏車的訓練，提供了神經肌肉細胞一條「物理定律」：把手往左，會帶我到左邊。把手往右，會帶我到右邊。此一假設根深蒂固——可說是一種吸子狀態，一股令人感到勢不可擋的大浪——也因此他的意識知覺（conscious awareness）花了非常長的時間，才有辦法跳脫那個假設。那是一種「身體假設」，但全都源自他的神經電網絡，因為並沒有一條宇宙法則規定，腳踏車一定要如何操控（不論某個操控方式多符合直覺）。桑德林發現了過往經驗帶給自己的反射弧，以及這個反射弧帶來的行為限制。此外，桑德林還成為新假設的產物：在「大腦腳踏車」那一集的結尾，在令人興奮的一刻，桑德林在騎了特殊腳踏車八個月後，首度回去騎「正常」腳踏車，也或者該說他**試著**回去。

桑德林前往全球對單車騎士最友善的城市阿姆斯特丹，試著騎一般腳踏車。桑德林顯然讓旁觀的民眾困惑：這個大人看起來像是這輩子第一次騎腳踏車。當然，桑德林不是第一次騎，現場發生的事，其實是他的大腦努力改變腦電迴路，從新的腳踏車該怎麼騎的神經電吸子狀態，回到過去較為傳統的反射弧。經過一番掙扎後，桑德林成功了。突然間，雖然還是搖搖晃晃，他又有辦法騎一般的腳踏車，大喊：「可以了！」。「可以了」是一種「行為的自我臨界」（behavioral self-criticality）的實體呈現：一個小動作似乎在某個瞬間帶來重大影響。桑德林突然間有辦法在大腦中提出實用的新假設，原因單純只是他重新發現舊假設，以及舊假設的意義。我好奇如果再多給一點時間，再多做一點練習，這個新假設能否與最初感覺起衝突的假設共存，讓桑德林可以「左右開弓」，兩種腳踏車都能騎。桑德林如果在自己的感知網絡中建構出更多維度（共存、看似相互牴觸的假設），大概的確可以兩種車都能騎。

桑德林要不是因為強迫自己「身體力行」，看見影響著自身感知的無形力量，大概永遠沒辦法訓練自己的大腦從 A 到 B……也就是有辦法順利運用「雙重」感知。桑德林因此有辦法挑戰假設……也就是我們在前一章檢視好點子是如何被「製造」出來時學到的事……接著靠著實際體驗與試誤自然會帶來的回饋，活出新假設。桑德林帶給自己的新奇體驗，替自己與自己的大腦，開啓了令人振奮的新可能性（與必要連結）。任何願意冒摔車危險一試的人，同樣也能出現新的可能性。

桑德林找出原先的假設，得出新假設，拓展自己的可能性空間。他能做到這件事的關鍵是他的特殊腳踏車。新鮮科技常常是開啓腦筋急轉彎的關鍵。這裡所說的「科技」，不是最新的 APP 或裝置（但也不排除這樣的可能性）。多數科技做的事，其實是讓我們原本就能做的事，變得更容易做，以更快的速度完成，或是更具效率。這一類的好處自然很實用。不過，我認為最好的科技，可以讓我們意識到先前沒注意到的假設，改變假設，拓展假設，最後改變我們個人與集體的可能性空間。最好的創新，因此一般會讓我們看見新現實，例如顯微鏡、望遠鏡、磁振造影（MRI）、船帆、定理、點子、問題。最好的科技讓「看不見」變成「看得見」。

最好的科技讓「看不見」變成「看得見」。

那樣的科技帶來新的理解，改變我們對於世界與自己的看法。那樣的科技除了挑戰我們信以為真的假設，也讓我們**有機會**得出更龐大、更複雜的新假設，使我們從宇宙的中心，走向旁觀者的觀點。旁觀者的觀點更有趣、更引人注目。

本章所談的感知重點是如果各位想從人生的 A 點走向 B 點，不論你是處於個人生活的過渡期，也或者是職業生涯的過渡期，第一個挑戰就是接受你所做的**每一件事**，全是基於你的假設的反射動作，也因此我們需要謙遜。不過，雖然不認清這個事實，就不可能改變，但光是知道這件事還不夠。我們一旦接受自己所見、所做的一切，全部源自我們的假設，我們通常依舊看不見自己那麼做的原因。腦筋急轉彎的第二個挑戰，因此是找出自己的假設。跟我們不一樣的人，通常能讓我們看見自己的假設，也因此**團體的多元性**帶有力量。下一步是**主動參與**充滿對照的世界，讓自己的假設複雜起來，重新定義常態。桑德林做的就是這件事，戴上 feelSpace 磁力腰帶後定位能力增強的人士，做的也是這件事。

換個方式看世界的另一個關鍵，不是以舒舒服服的方式四處遊歷。不論是真的走出去，或是在心中想像旅遊，我們需要讓自己灰頭土臉，迷一下路，全心投入自己碰上的體驗。這聽起來像是老生常談，但的確是真的……需要大聲再講一遍，因為大部分的西方世界正在以飛快的速度，奔向健康與安全。（我們快速衝向掃除短期風險的目標，以至於在我們的社會，站著不動變成相當危險的一件事！）別當人生的觀光客，不要不管走到哪，都隨身攜帶自己的假設。把你的假設留在紐約甘迺迪機場（JFK）的電梯，或是倫敦希斯洛機場（Heathrow）的第五航廈。抵達你要去的地方後，去買菜，用當地語言問路，搭乘不熟悉的運輸系統，試著記住回旅館要怎麼走，不要一直查 Google 地圖。過程之中，聆聽自己的情緒，找出自己是否已經旅行到夠遠的地方。唯有這樣你才會知道，幫你把一切安排妥當的豪華假期，讓你少經歷了哪些外地人會碰上的麻煩。此時**你靠著假設自己對事情的「了解」可能有誤**，找出心中看不見的假設。各位要一邊參與真實世界，一邊運用幻想能力，找出更通用的新假設。在這樣的過程中，你更可能打敗過往經驗帶來的峰值偏見，進而改變自己未來可能出現的反射性反應。你得出更理想的新假設，「旅行」至新感知。簡言之，不要只是一直變……要拓展！

不過，一旦你不再看不見自己的假設後，實驗新假設並不容易。人類的演化天性通常使我們不去碰新事物，大腦要我們迴避，就算結果可能有好處也一樣。也因此我們接下來要看創意的第二個大魔王：我們怕黑。

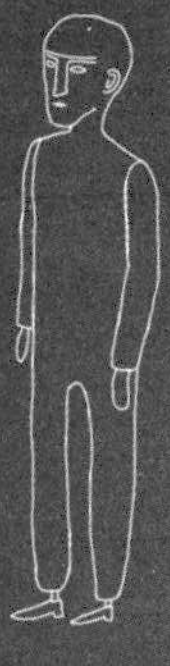

Celebrat

第九章

把「不確定」當成好事

Doubt

*

世上很少有東西比黑暗可怕。黑暗造成的恐懼無所不在：爸媽關掉我們房間的燈之後，籠罩的黑影好像會動；聽完令人毛骨悚然的靈異故事後，篝火後方若隱若現的暗處好像藏著鬼；走過樹幹間的深色陰影時，森林遠古的幽暗氣息迎面而來；獨自踏進沒開燈的家時，漆黑的屋子令人發抖，該不會有壞人躲在裡頭。

黑暗是人類的基本恐懼，因為黑暗代表著人腦中的所有恐懼——有的是真實的，有的是想像出來的。有的來自真實的生活經驗，有的是從故事那聽來的，有的源自文化，有的源自童話故事。我們愈身處於黑暗之中，怕的事就愈多：攻擊人類的動物、粉身碎骨的墜落、讓我們流血的尖銳物品；搶匪、強姦犯、殺人犯；此外還有想像出來的生物。那些生物甚至不存在，但依舊讓我們嚇破膽：惡靈、神話中的野獸、吃肉的殭屍。黑暗是未知事物的化身，而未知是我們最怕的東西：意識到自己不知道不遠處有什麼。不知道自己安全還是不安全；不知道接下來會痛苦還是快樂；不知道自己會活下去還是會死。我們的心臟怦怦跳，眼神慌亂，腎上腺素亂竄。未知令人類隨時提心吊膽。如果要了解為什麼人類害怕未知，就得追溯到遠古時期，了解恐懼如何使我們變成今日的人類，以及我們是如何因此存活下來。恐懼未知是我們的「演化的過去」，解釋了為什麼雖然我們知道得出創意的過程很簡單，卻經常無法有創意。恐懼未知也解釋了為什麼問**為什麼**與擺脫錯誤假設是如此困難。

想像一下近兩百萬年前的地球，尤其是人類的發源地：那片危機四伏、無法預測的東非地帶。大型板塊運動讓一度覆滿森林的平坦地區，擠壓成布滿高山峽谷的乾燥山區地形、湖盆、高原。那是一個險惡的世界，資源（水、食物、製作工具的材料）不足，零星四散。我們遺傳上的祖先在那樣的環境中走出樹林，成為二足動物——也因此並未和先前的親戚物種一樣，消失在世上。在那塊生存不易的地表上，當時尚有幾種相互競爭與演化的人科動物，對抗著千變萬化的環境，周遭是其他危險動物，有體型比今日龐大的河馬，也有大小和河馬相去不遠的野豬，牙尖齒利的鬣狗，但最後只有一種人科動物活下來：人類。

以上就是人類演化的環境——我們的大腦、我們的感知演化的地方。那個環境是**遠遠**早於律法與秩序的年代的地球。在那個高度不穩定的地方，人類對於如何遮風避雨、填飽肚子、治療傷口與疾病，所知不多，尚未成為今日的「地球主宰」（雖然細菌、蟑螂等生命系統，才是真正的「主宰」，在人類消失千萬年後還會存在）。從前一點小病就能奪人性命，因為沒有藥物，甚至無法想像藥物的概念。世界危機四伏，變幻無常——恰恰是不確定性的縮影，未來包裹在「黑暗」之中。在這樣的情境下，要是缺乏預測能力，那可就糟了，預測是非常好的事。如果無法

要是不「知道」，就會丟掉性命。

預測附近哪裡有水源；不知道哪些植物可食、哪些不可食；無法及時預測「那裡」的影子是否是會吃掉你的猛獸……**一切就太遲了**。確定代表活著，不確定代表死亡。要是不「知道」，就會丟掉性命。

在演化過程中，活下去不容易，死太簡單。事實上，太多事都是「找死」。你若能身處自己的群體中，有地方遮風避雨，安全無虞，每一件事暫時都能預測，最好別問：「嗯，不曉得山丘的另一頭有什麼？」那可不是什麼好主意！死亡的機率似乎突然間明顯大增。然而，對個人來說的確如此的事，對團體或物種來說則不一定。就是因為有「瘋子」，團體在**千變萬化的環境中**生存機率才大——靠著找出山丘的另一頭有哪些危險／好東西，或是發現群體先前不曉得的嶄新可能性空間。感謝上帝，幸好有那些**看似**頭腦有問題的人……幸好有那些怪咖（在平常人眼中——那些一般的人，那些並未偏離常態的人——在他們眼中「看似」頭腦有問題）。

魚兒也一樣。在一群魚之中，靠著離開群體找到食物來源的魚，通常也最先被吃掉。然而，那些魚雖然在過程之中犧牲性命，牠們最終讓整個魚群得利。在我們千變萬化的世界裡，絕對需要多元的群體——一個各種樂器都齊全的管弦樂團！人人都知道，「多元」是系統能夠演化的必備要素。人工生命系統的演化研究顯示，多元群體比不多元的群體，更可能得出最佳解答（optimal solution）。此外，相較於確定的環境（unambiguous environment，「刺激」與「獎勵」之間呈一對一關係），多元群體在不確定的環境（uncertain environment，「刺激」與「獎勵」之間呈一對多關係）中演化時，更可能出現「情境」行為（contextual behavior，依情況而定的行為），而且神經過程較為複雜。舉例來說，它們的人工「視網膜」演化出多種受器，也就是光刺激具備多義性（ambiguous）的色彩視覺的先決條件。相關的研究發現符合「情境行為」與「情境處理」源自不確定性的說法。

克服不確定性，自看似無用的數據中，做出有用的預測，可說是演化讓人類和其他動物的大腦做的最基本任務……這也是為什麼我們的大腦演化成努力避免活在不確定之中。普遍來說，生命系統痛恨不確定。這就是為什麼不只人類恐懼黑暗，所有的類人猿物種也一樣：黑暗使我們處於極度不利的狀態。我們除了努力避免沒有光線的那種真正黑暗，也想避開踏進不確定的「黑暗」情境時所感受到的恐懼。老鼠跟我們不同（但也源自相同的感知原理），老鼠怕的不是黑暗，而是怕光。老鼠是夜行性動物，牠們在黑暗之中感到比較確定，比較不受威脅，因為黑暗提供了遮蔽，牠們可以避免被看見。對老鼠來講，光才代表著不確定，而不是黑暗。多神奇啊！所以說，正如每一個生命系統在處理不可避免的不確定性時，都會演化出相對應的生理反應，所有的生命系統（個體或群體）都會學習自身特定的「黑暗」，極力

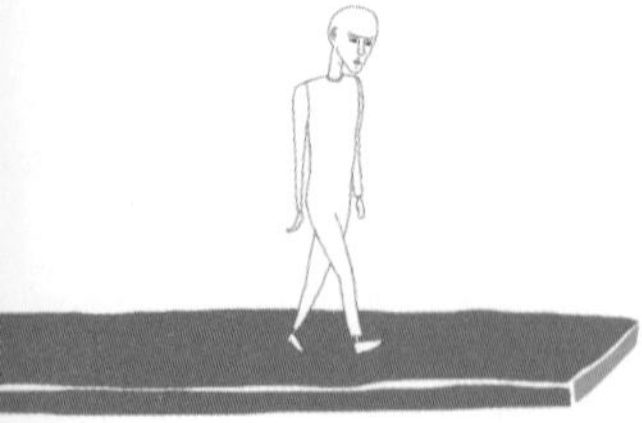

抗拒那個黑暗帶來的不確定性。那是本能的身體反應，顯示出當事情涉及感知，大腦與身體其實是合一的。此外，我們原本天生有創意，卻被抗拒未知的大腦與身體反應給限制住。

人類的大腦演化出兩種一般策略，用以處理不確定性帶來的恐懼，其中一個是憤怒。各位有沒有見過那種場景，在機場的時候，盛怒的旅客對著倒楣的登機地勤人員大吼大叫？旅客會咆哮，原因通常是他們面對著出門特有的不確定性；旅客碰上狀況時，未能展現太多創意思考或同情心，因為他們的大腦進入使他們無法那麼做的狀態。從某個角度來講，憤怒會影響感知的現象，其實是在解決不確定性帶來的恐懼。憤怒一般會使我們感到振振有詞，覺得自己是對的，這是一種力量非常強大的感到確定的感知性幻覺。憤怒帶給身體劇烈的生理變化，助這個過程一臂之力。你肌肉緊繃，腦中釋放「兒茶酚胺」（catecholamine）這種神經傳導物質，增加有精力的感受，帶來常見的憤怒反應，想要立即採取保護行動。你心跳加快，血壓升高，呼吸速率增加，注意力鎖定在你生氣的目標，其他事都顧不到。被激怒的人通常會在刺激早已消失後，繼續反芻自己生氣的事，在想像中重現從「刺激」到「反應」的事件經過，進一步強化因果關係的神經連結（各位可以回想一下前文提過的大腦想像事件的力量）。接下來，額外的大腦神經傳導物質與荷爾蒙（包括腎上腺素、正腎上腺素）被釋放，引發如同作戰的持久亢奮狀態。值得注意與諷刺的是，一個人愈有創意、愈聰明，就愈難勸阻他們的憤怒反應，因為他們更有能力在其實不帶因果關係時，找到看似有意義的連結，在心中得出合乎邏輯的論述，支持自己錯誤的立場，使自己無需承受無知帶來的不確定性。然而，雖然這個「自然的」反應，在某些攸關生死的情境下可以帶來龐大優勢，這真的是所有情境下的最佳反應嗎？

大腦想要增加確定性的基本演化衝動，使我們能從新角度看前文「怪奇實驗室」的權力研究。在那場實驗中，我的研究團隊促發受試者進入低權力或高權力狀態（以及中立狀態的控制組），影響他們的感知。舉例來說，看見我的色彩錯覺圖時，低權力狀態組的反應，強過高權力狀態組，更「不分青紅皂白」就接受情境影響，也因此更容易被誘導。不過，這種感知上的容易被騙，其實源自**想要增加確定性與權力**。低權力受試者在看錯覺圖時風聲鶴唳，為的是調和處於不確定之中不舒服的生理狀態。年紀輕的人也比較容易對錯覺圖有強烈反應，因為兒童與青少年可說是處於某種持久的低權力狀態，他們強力感受到自己缺乏左右結果的能力（雖然孩子要是在公共場所不受控制地大哭大鬧，父母大概會主張自己無能為力；發脾氣也是一種控制的形式）。出了「實驗室」後，要是不了解「尋求確定性」是如何驅使著我們的行為，限制著我們的可能性空間，可能造成悲劇。不過，這種現象恰巧也解釋了為什麼人會有自毀行為，即便那些行為感覺上「順理成章」。英國的紀實攝影師唐娜・費拉托（Donna Ferrato）非常了解這種事。

費拉托有著一雙見過太多人情冷暖的銳利眼睛……因為她真的見過很多事。她是勇敢的攝影師，在一九八〇年代透過家暴照片，迫使大眾關注這個議題。費拉托近距離目睹與捕捉到人性黑暗的一面。她震驚世人的《與敵人共枕》（*Living with the Enemy*）一書，呈現被困在親密關係中的女性，帶給讀者巨大的心理衝擊。費拉托的線上多媒體計畫「沒人能擊敗我」（I AM Unbeatable），觀察逃離受虐環境的女性，探索她們走向新生活的旅程。然而，這樣的過程並不容易。費拉托看見女性要耗費無數年，最後才終於選擇不確定性，離開一直受虐的確定人生。要是不明白人類逃避不確定性的感知天性，有可能使自己被茫然推向這種奇特的極端狀況。我們的天性解釋了那句著名的英文諺語：**跟認識的魔鬼打交道，總比跟不認識的魔鬼打交道來得好。**（Better the devil you know than the devil you don't.）

希望減少不確定性的驅動力，深深影響著我們做、感受、看見、體驗、選擇、熱愛的事。我們甚至寧願體驗痛苦，也不想忍受不確定性。倫敦大學學院科學家近日的研究顯示，不確定的程度愈高，受試者體驗到的壓力愈大。該研究的第一作者亞契・德・柏克（Archy de Berker）表示：「不曉得自己會被電擊，比知道自己一定會或不會被電擊，還要來得糟糕很多。」簡言之，「不知道」帶來的壓力，大過「多少知道壞事會發生」，也因此控制另一個人的不確定感，是一種控制的手段。使用這種手法的可能是政府，甚至是人際關係中的某一方。

這點或許就是為什麼如果伴侶讓性事成為兩人溝通的話題（這只是開誠布公的方法之一），可以提升一段感情的親密感（以及個人感受到的整體情感滿意度）。這也是為什麼減少不確定性的企業獲利驚人。行銷大師羅瑞．蘇瑟蘭（Rory Sutherland）一針見血地告訴我，Uber 會成功，其實不是因為顛覆計程車產業（多數人這麼認為），真正的原因與我們的不確定性研究有關：民眾需要確定性，想知道計程車在哪裡、何時會抵達。從這個角度出發去看生活周遭的事，就會發現類似的例子。蘇瑟蘭指出，自從倫敦交通局（Transport for London）裝設 LED 顯示器，告知下一班車何時會抵達，在倫敦公車站等車的壓力大幅降低。就算要等很久，知道會很久，就讓乘客在情緒上比較能忍受。類似的例子還有倫敦希斯洛機場第五航廈的設計師，在「希斯洛機場快線」（Heathrow Express）的月台電梯，新增「上」這個上樓按鈕，即便那台電梯一共只會往一個方向移動、也總共只有一層樓！以前人們踏進那台電梯後，會發現沒有按鈕可按，驚慌失措。新塑膠按鈕的設計，妙就妙在其實塑膠按鈕並未連接到任何東西，只連接到燈，因此以後每當旅客按下去後，唯一的作用就是亮燈（不管按不按，電梯都會跟以前一樣自動上升）。這個例子也說明了「不確定性帶來的恐懼」與「自主的能力」之間成反比。當你感受到自主的能力（即「主控感」，不論是真的可以掌控，也或者只是錯覺），你的不確定感就會減少。依據這種深層的神經生物需求來設計，除了深深影響著個人的幸福感，也影響著相關企業的成敗，此外還提供了我的「怪奇實驗室」替他人創造體驗時的基本設計原則，引導著我們的設計思考。

因此，希望感到確定的欲望，顯然影響著我們的可能性空間與感知，也影響著我們的私人與工作生活。需要確定感通常會救我們一命，但也可能有害，也因此我們自認的「自主的自我」（conscious self）與「自動反應的自己」（automatic self）之間，永遠處於緊張關係。如果要克服促使自己尋求確定感的先天反射（有時不惜一切代價），我們必須把「自主的自我」擺第一，告訴自己新故事，持之以恆後，改變自己「未來的過去」，甚至改變生理反應。我們必須創造出把「不確定」當成好事的內在與外在生態！

把「不確定」當成好事！

也就是說，我們無法打破常規、以不同方式看，最大的障礙其實不是我們身處的環境，也不是我們腦袋聰明的程度，甚至也不是（很諷刺）造成我們無法出現神祕頓悟時刻的挑戰，而是人類的感**知**本能妨礙著我們，尤其是我們需要知道的感知需求。矛盾的地方就在於感知的機制，同時也是使我們能夠解鎖強大新感知、打破常軌的過程。也就是說，產生感知的機制會妨礙我們得出創意……製造感知的**過程**卻能使我們得出創意。我們可以藉由神經科學上的**刻意**與感知互動，有機會替自己的想法與行為，帶來先前不存在的可能性。我們最重要的目標的確是活著，但如果要存活一定時間，不能永遠只是在回應當下而已。我們需要適應，因為適應力最強的系統，也是大自然中最成功的系統。此外，我們想要在每個領域都欣欣向榮。如果要達成這個目標，就得冒感知的險，偏離常軌。程度剛剛好的腦筋急轉彎，不是一件容易的事，需要努力，因為我們要對抗的阻力，不只是我們自己而已。

人類藉由提供確定感的機構制度，以及相關制度的程序，建構自己的社會，例如法院、政府、警力，以及最可悲的是我們的教育制度（就連大學這個層級也一樣）。在政治的領域，「大轉向」或「朝令夕改」被當成十惡不赦的事，但各位可以想一想這有多荒謬。我們真的希望政治人物或是任何人，就算碰上了證明他們錯了的證據（有時鐵證如山），還要堅持自己先前「信以為真」的事？尤其是知道有可能「昨是今非」的事？哪一種政治人物比較好，堅持己見，還是思考靈活，和產生思維的大腦一樣具備可塑性？

宗教也替人類減少不確定性，這也是數十億顆大腦堅定信仰宗教、高度重視宗教支持的假設的主因（還有其他原因）。BBC 二〇一四年的報導指出，高度穩定的國家，民眾抱持無神論的比例也高。天災頻繁的國家則通常信奉「具備道德感化功能的神」。然而，這種安全感的另一面，就是宗教用自己的假設，取代你的假設，並把宗教假設當成不容質疑的信念。當然，除了宗教把自己當權威，我們大腦內的神經活動吸子狀態，有著一股動能（和文化上的「同一瀰」〔homeomeme〕一樣）。過往意義的慣性力量，把我們推向難以抗拒的反射性感知。

然而，我們有可能擁抱不確定性，在不確定中創新……不只是可能，而是非做不可。不安與其他不舒服的感受，其實是**我們應該歡迎的狀態**。我們應該進入讓感知能夠探索的地方，那種感覺有如在熱鬧的異國市集裡，小販用我們聽不懂的語言叫賣。如果能鼓起勇氣，擁抱不確定，說出：「好，我不知道。」突然之間，可能性空間中限制著你的坐標軸會消失，你有辦法再次建構充滿新點子的全新空間。我們不只可能帶著不確定的心態面對衝突，這甚至是理想做法。現在你知道自己的感知如何作用，你了解自己某方面的行為或思考，可能不是來自最有創意、最聰明的自我，而是來自你渴望確定性的天性需求。

我不知道

如果要化理論為實踐，該如何讓自己參與創意衝突？最基本的一件事是我們必須**以不同方式聆聽**……也就是**積極觀察**。聆聽不是為了更能替自己辯護，而是抱持「**衝突可以帶來真正的機會**」的心態。這裡所說的「衝突」，指的是廣義的衝突，也就是不符合我們的期待、希望、渴望的情境，例如小時候第一次見識到重力，或是長大後碰上不同於自身看法的觀點。身處**正確生態**時，衝突是最基本的學習空間。在人際關係中，正確的生態會要求**雙方**拋開帶來衝突對話的想法……像是「我講的才對，原因是○○××。」（雖然有時不得不採取這樣的立場，但這種時候其實沒有想像中多。）

想一想要是政府採取這種模式……或是在一般的人際關係中採取這種模式，那將是多理想的情況。想像要是帶著自知「無知」的態度面對歧異……帶著問題而不是答案進入衝突……試圖找出歧異可以如何重塑自己的感知與「未來的過去」，將冒出什麼樣的創意。這樣的做法除了是找出**自身**假設的基本辦法……也能找出他人的假設，改變自己「未來的過去」，進而改變自己未來面對衝突時的做法。雖然這是面對戰鬥時，相當愛好和平的開明態度，這並非聖人的境界，而是在以有建設性的方式自私，因為你是在尋求最佳點子，在不可避免的衝突中，帶來生活與人際關係中更多的相互理解。

這就是為什麼衝突和身體上的親密一樣，其實都是「愛」的一環，雖然對多數人來講，起衝突不是什麼開心的事。相較於擁抱、親吻、性愛，以及其他形式的碰觸（也需要積極聆聽才會感到有意義），衝突帶來的情緒碰觸（emotional touch）通常會使伴侶對立，而不是團結一心，因為衝突通常會帶來剛才提到的憤怒軸線，出現爭吵及其他更糟的事。那是一種發洩緊張情緒的出口。從每天的柴米油鹽醬醋茶等小事，一直到人生態度、忠誠、基本世界觀等大事，任何事都可能帶來緊張情緒。然而，幾乎大家都知道，發生爭執時，如果我們沒提醒自己**自身感**知的運作方式（**不只是對方的感知運作方式**），**不論大小事**都有可能變成大事；最小的不滿，都可能帶來最糟的爭論。這條從恐懼走向憤怒的麻煩軸線，開始引導我們怎麼看自己、看他人，我們看待別人的方式尤其受影響。這是因為衝突通常源自你的假設並未成真，引爆你的情緒，而那個情緒又違反伴侶對你的期待，帶來更多情緒，情緒不斷增生。換個方式解釋，就是伴侶關係中的兩個人，永遠不會擁有相同的過去，永遠不會擁有相同的大腦，也因此永遠不會擁有相同的可能性空間，永遠不會站在相同立場，有著一模一樣的想法。雖然太多人很少會去質疑自己的期望合不合理，也不會去思考自己的期望說出自己是什麼樣的人（人貴自知），伴侶雙方若能拓展自己的可能性空間，納入另一半的假設，共同創造出更大、更複雜的空間，讓雙方的反應不僅能共存，還不再相互衝突，找到更崇高的存在狀態，彼此互愛，互相理解，就有可能解決衝突。然而，此一透過衝突來學習的過程，需要耐心、需要付出心力，還有當然也得擁有關於衝突本身的新假設。

約翰．高特曼（John Gottman）是華盛頓大學（University of Washington）的心理學榮譽退休教授，他和妻子茱莉．史瓦茲．

高特曼（Julie Schwartz Gottman，也是心理學家）是人際關係研究的改革者。兩人除了以臨床經驗研究伴侶，還引入科學方式，率先蒐集數據，提出新型研究法，找出共通模式，指出替關係帶來快樂／不快樂的行為。高特曼夫婦的研究，大多在兩人位於西雅圖的「愛情實驗室」（Love Lab）進行。那間套房公寓擺滿最新設備，可以追蹤自願待在裡頭的伴侶受試者的生理反應。受試者的任務很簡單：展現自己的本色，讓科學家觀察與記錄他們，過程中他們會被測量心率等生理指標。約翰．高特曼多年整理伴侶互動的研究數據，設計出準確率達九一％的模型，可以預測伴侶是否將離婚。九一％！可真是高到令人不安的確定性。

高特曼夫婦找出伴侶關係的「末日四騎士」（The Four Horsemen），也就是幾乎必然導致分手的四種行為：批評（criticism，不只是說出不滿）、侮蔑（contempt）、防衛（defensiveness）、冷戰（stonewalling）。高特曼夫婦還發現，如果要建立與維持一段幸福關係，光是不做那四件事，遠遠還不夠。我會說，這是因為多數人……不只是處於戀愛關係的人，而是**所有的人際關係**……多數人在處理衝突時基本上**不具建設性**。我們通常把衝突視為敵對狀態的攤牌，我們唯一的目標就是摧毀對方的論點，留下自己的觀點，只破壞，不建設……不探索，也不考慮新想法，不肯「旅行」／不接受新體驗，不願意找出或許需要攤在陽光下的隱藏性有害假設。沒能提出問題，只有「答案」，帶來不具創意、不關心對方、無意間帶來破壞的答案。然而，如果我們面對每次的衝突時，抱持完全不同的心態……以非常不同的假設來看待衝突……改當成有機會挖掘對方的不同之處？因為了解別人的方法——甚至是了解自己的方法——並不是找出那個人和一般人的相似之處。愛是愛另一個人的與眾不同。你之所以為**你**，他們之所以為**他們**，就在於一個人與常模不一樣的地方。我的另一半伊莎貝爾有一句口頭禪：事情要看兩個人的瘋狂能否合拍。在有自覺的情況下，帶著不確定進入衝突，以豐富自己不斷演化的感知史，不但很困難，甚至有風險，尤其是如果另一方進入衝突時，並不了解感知的原理。也因此除了謙遜，創意還需要勇氣，因為你是在踏進演化讓大腦避開的空間。

我要如何踏進演化告訴我別去的地方，把不確定當成好事，進入不確定構成的一片黑暗？我如何能把以上的新理解，納入自己看事情的方式，還變成自己存在的方式？質疑自己的假設，從 A 點抵達 B 點，主動偏離常態的第一步是什麼？美國喜劇演員巴布・紐哈特（Bob Newhart）很久以前演過一齣短劇，借用劇中我很喜歡的一句話來回答……

JUST STOP

停止

就對了

就是字面上的意思，不是慢下來，而是停下來。

前面第八章提過，如果要從A點抵達B點，就必須主動參與這個世界。然而，從A點抵達B點的第一步，是從A點抵達「非A點」。抵達「非A點」的方法是讓自己處於不確定之中，在缺乏必然的過往意義的狀態下體驗刺激。關鍵是不去看我們先前加在刺激上的意義，有自覺地停下自己的反射性反應……當你看得出某個反射的成因，就有辦法停下。如果你走在街上，有路人撞到你，你的第一個自動反應可能是：**豬頭**！那個罵人的反應是「A點」，停止做出那個反應就對了，不要去A點，改去「非A點」。或許撞到我的人生病了，走路才跌跌撞撞，他們可能需要幫助。也或者對方真的就是豬頭。不要去追究，「停下」給了你不拿出成見的機會，暫時擋住限制著感知的力量，那力量來自我們時時想要證實的認知偏誤；停下把別人當爛人的膝反射，思考自己碰上的刺激可能不帶意義，就算感覺起來不是無心之過。

除非是有人為反而反，以反對為樂（很不幸，有人真的就是這樣），要不然的話，如果一切都很「開心」，顯然唯一的選擇，就是接受A點的意義就好，沒什麼好選的。對多數人來講，只有在情境出現衝突時，才有機會做出選擇。甚至可以說，在衝突之中，我們的性格才會顯露，才會成型。碰上衝突時，我們可以選擇和過去一樣，不假思索做出膝反應，這是「正常的」反應（也就是平均的反應）。然而，現在你已經知道，自己為什麼會看到自己看到的東西，你有了另一種選擇：你可以偏離一般的做法……選擇「非A點」……進入不確定性。控制力要從不確定中求得，而不是從「非 A 點」之後的東西中求得，不論是 B 點、C 點或 Z 點。然而，不去看明顯的事，不去看根深蒂固的吸子狀態很困難，首先你得停下自己的第一反應。

開始這麼做之後，就會減弱你目前的假設對感知產生的影響。其實這就是冥想的基本原理……一種前往「非 A 點」的機制。目標是你要「清空腦袋」，停下腦中川流不息（通常無益）的意義流。冥想除了可以停下杏仁核面對壓力時的「戰或逃」反應，還能協助人們發展出更具同理心的思考（同理心其實就是想像自己是另一個人的創意流程），以及發展出包含「心思遊移」（mind wandering）在內的思維模式。二〇一四年的哈佛研究甚至顯示，八週的正念（mindfulness）課程增加了受試者的大腦灰質，證明冥想本身是促進神經成長的內在豐富環境。在高壓情境下，創意通常會輸給「戰或逃」的反應驅力，光是停下就能使大腦接觸到不同的化學物質，不再處於苦惱帶來的皮質醇之中，釋放**催產素**（催產素與可量化的更多同理心、大方及其他行為有關）。大方與同理心會使我們以更具創意的方式聆聽，也因此從某個角度來講，我們可以靠著自身分泌的化學物質，活出更美滿的人生。

停下自己的反射性反應非常重要，因為這是踏進不確定性的第一步。我們在不確定性之中，得出意想不到的新意義。也就是說，我們藉由換個方式看，重新賦予「過往的經歷」意義，改變「未來的過去」，進而改變未來的感知。自由意志的確存在，只不過不是存在於前往 A 點，而是存在於選擇去「非 A 點」。自由意志存在於為了改變未來的反應，改變資訊先前的意義。自由意志的必備條件是在不確定的情境中，拿出自覺、謙虛、勇氣。

幾年前，我人生經歷了一段長期處於壓力的時期，人生一度身心「崩潰」，身體持續病了相當長一段時間，出現頭痛、自發性麻痺，以及大量的神經疾病症狀。對神經科學家來講，神經症狀是特別危險的體驗，很奇妙，但也令人恐懼，因為你知道得太多，但也一無所知。每一個症狀（刺激）都引發一連串的假設，以及隨之而來的感知。我從自己罹患大腦腫瘤，一直猜到多發性硬化症（MS），整整有好幾週、甚至好幾個月的時間，惶惶不安。然而，雖然我的症狀並非僅是心理症狀，生理數據的確也出問題，最終仍然沒得到明確診斷，我開始恐慌發作，相關的感知和其他感知一樣真實，我深深感到自己下一秒就會死去，甚至叫來救護車。救護車抵達後，我才能感到安心，未知變成已知，自己即將死亡的感受便消失。我最後是如何康復？如何從 A 點（感到不舒服，每隔一段時間便恐慌症發作）抵達 B 點（感受到新的「正常」，不論那是什麼意思）？答案是如同先前的許多前輩，我活出感知過程，踏出基本的第一步，朝新方向邁進，意識到自己的偏見……我意識到自己的偏見後，停止朝原本的方向前進。我只是停下了自己胡思亂想的擔憂，主動忽視那些念頭。我停下原本的思維後，許多正面的新念頭開始出現，開啓新的感知史。

焦慮症發作時，離開原本的腦迴路方法，就是無視於它們，真真正正的無視（這可能是最好的方法）。如同著名心理治療師卡爾．榮格（Carl Jung）所言：問題不曾被解決；我們只不過是改變看問題的觀點。以我的例子來講，改變觀點的方法是完全不去管它們，不試著找出原因，因為不斷反覆思考反而會增強意義，出現更嚴重的恐慌發作。待在「A 點」（「知道」某個地方出問題）比待在「非 A 點」（我正在經歷無用的幻覺）容易，我很難轉移心思不去看。如同注意力研究指出，所有的人類從小就很難不去看。

我二兒子西奧還是嬰兒的時候，有一天，我們把他放在倫敦斯多克紐溫頓（Stoke Newington）家中的廚房桌子上。西奧坐在彈彈椅裡，興高采烈，因為在他眼前剛好碰不到的地方，掛著四個顏色高對比的動物玩偶，西奧每彈一下椅子，那些動物玩具就跟著晃動。一開始他似乎感到樂趣無窮，我在一旁煮飯時，只見他不停微笑，甚至咯咯笑了出來。然而，接下來不曉得發生了什麼事，西奧開始哭（不是太令人意外，嬰兒常哭）。我為了安撫兒子，讓玩具再次晃動，玩具立刻抓住他的注意力，但他還是哭個不停。

孩子哭令人心疼，但……也很有趣。我一下子就觀察到（對，我在兒子哭的時候觀察他，但他當時還沒哭到歇斯底里！……父親是感知神經科學家，就是會發生那種事），西奧把眼神移開、看不到玩具時，哭聲就會減慢或停止，但他的眼睛就像被磁鐵吸住一樣，立刻又回去看在中間的玩具，又開始哭。西奧再次試著移開注意力，不哭了，但眼睛又立刻轉回去看玩具，又哭了。觀察了整個過程後，我心想，西奧看起來像是因為沮喪而哭，但他究竟在沮喪什麼？

他在沮喪玩具對他的影響力，大過他能控制自己的能力。

我發現西奧不想看著玩具了，但他忍不住會去看。太奇妙了。他無法停止反應。他無法離開 A 點。西奧想要移到「非 A 點」，但感到沮喪，因為他無法轉移注意力。就這樣，我觀察西奧的反應三小時後，最後拿掉玩具，然後他就不哭了——太好了！（開玩笑的，我立刻就拿掉玩具。）

這個我用自己的孩子做的小小個人實驗，告訴我們什麼事？雖然我們目前對於注意力所知尚不多（神經科學家不清楚一件事時，這句話是萬用句型），注意力的力量似乎不在於「看」這個動作，而在於有能力**停下**不看……眼神移開，把眼睛轉到較不明顯的事物上，停下思考與感知的繞圈子。這是因為我們的注意力天生受歷史上對我們來說重要的事吸引。那種東西有的很基本，例如以正在發展的年輕視覺系統（就像昆蟲的視覺大腦）來講，可能是顏色高對比的物體，此外也可能是與痛苦或快樂有關的刺激。

如果你在沒做心理準備的人旁邊拍手，他們會立刻把注意力移到你的眼睛。在派對上，如果你和朋友站在一起，朋友在跟別人講話，你也在跟別人講話，然後你故意向談話對象講起那位朋友，讓他聽見自己的名字，你可以留意朋友會立刻加入你們的對話，就算你已經轉移話題，沒再提他也一樣，也或者他會走遠一點，因為怕他的注意力被你吸走，無法繼續和另一個人講話。另一個例子是我們在高速公路上，有時會碰上無數小時的塞車，但其實我們的車道並未因為意外事故堵住，意外發生在對向車道。會塞車，是因為對面的意外事故吸引了對向車道駕駛的注意力，大家在看熱鬧。停下的力量，是大腦額葉皮質（frontal cortex）的力量。如同西奧的例子，注意力的重點不是望向某處，也不是把視線看向理性的方向……統計上、歷史上最合乎邏輯的事物。注意力的力量，在於把視線從「明顯」的事物上移開，改看較不明顯的事物。注意力的力量在於開始換個方式看，堅持挑戰自己的大腦在必要時刻停下，產生由額葉皮質驅動的抑制。

人類在這方面以及幾乎其他所有面向，都和其他動物很像，相似度可能超過許多人願意相信的程度。蜜蜂只有百萬腦細胞，但牠們看見許多和我們一樣的錯覺（就連最尖端的電腦都辦不到）；鳥兒可以思考抽象概念；有的靈長動物碰上不公平的情境會生氣。注意力的方向也一樣：動物會被閃閃發亮的物品吸引，我們人類也差不多，直覺會去注意發亮的東西（實質上或概念上呈高對比）。人類眼睛的移動方式是有原因的，很少是隨機移動。我們會看著表面之間的分界。我們會依據情緒狀態改變眼動；處於高權力狀態時看著前景，處於低權力狀態則看著背景。如果你是女性，你看著另一名女性面部的方式，會不同於你看男性面部的方式（例如你會改看嘴巴，不會看著眼睛）。眼睛是人類看世界的窗戶，眼睛的移動方式藏著我們的假設，也因此我們自然而然看著明顯的事物，即便什麼事物是「明顯的」，每個人不同。此外，你留心看的一小部分，決定著其餘資訊的意義。

也因此我們自然而然看著明顯的事物，即便什麼事物是「明顯的」，每個人不同。此外，你留心看的一小部分，決定著其餘資訊的意義。

各位讀到這，大概已經注意到，本書除了右下方有菱形，左下方還有另一個線條圖形。現在要請各位翻動書頁。就和右邊的菱形一樣，翻動後，左邊的線條會看起來朝兩種不同方向移動。你會看到兩條線呈「X 型」由左往右移，接著又移回去（「模式動作」〔pattern motion〕）。你也可能看到兩條獨立的線朝上方與下方移動，遠離彼此（「成分動作」〔component motion〕）。你可能感到線條從一個動作方向，隨機跳到另一個方向，但其實不然，一切要看你的眼睛在看哪裡。為了解釋方便，請各位專心看著 X 的中心點，也就是兩條線的交會處。看著那個中心點時，你會看到 X 由左往右移。然而，如果你盯著其中一條線的尾端，跟著線條上上下下，你會看見兩條線獨立地朝上與朝下移動，遠離彼此。你看著的地方，決定著你會看到的東西，原因是雖然整體圖案或許有兩種機率相同的可能性，相同的整體刺激中的不同元素，有不同的可能性。可能性空間受你看著哪個地方影響，而不是受圖形本身的抽象可能性影響。所以這告訴我們什麼事？

> **我們看到的東西，透露出我們是什麼樣的人。我們選擇不去看的東西，則會塑造我們這個人。**

定義一個人或一群人的時候，重點不只是他們做了什麼（也就是「他們看著什麼」），還要看他們沒做什麼（他們沒看的東西）。以大腦為例，不只是活躍細胞定義著我們的行為的本質，不活躍的細胞也一樣，因為重點是整體的活動模式。人類因此不同於多數動物，有辦法靠著不去看顯而易見的事，改變自己「未來的過去」……從 A 點抵達「非 A 點」。我們看到的東西，透露出我們是什麼樣的人。我們選擇不去看的東西，則會塑造我們這個人。

我們靠著移開視線，展開以不同方式看的過程，因為不去看一樣東西，代表你的眼睛現在一定看著別的東西。我們比較無力掌控那個「別的東西」，因為「新刺激」加上「你過往的歷史」，使你的大腦這下子呈現新的吸子狀態。不過，至少那不會是 A 點。常常看向別的地方，未來你將比較不可能反射性地看到 A 點，更可能看見 B 點（或 C 點、Z 點）。整體來講，我們的視線放在何方，我們的思考就放在何方。只要多加練習，就能引導思維。

請回到剛才線條會移動的手翻書練習，再翻一次書頁，但這次留意每一頁的交叉斜線上方，有一個小點。各位翻頁時，請凝視著那個點。過程之中，請把**注意力的方向**放在「兩條線的交會

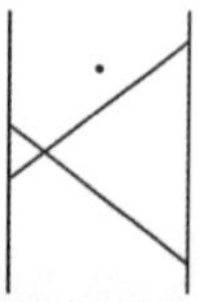

處」，「其中一條線碰到邊界的地方」，就和剛才移動眼睛的練習一樣，但這一次，你不動眼睛，只動**你的注意力**，留意這一次兩條線會再次依據你把注意力擺在哪裡——以及沒擺在哪裡，運動方向跟著變。我們不看（與看向）的東西會改變我們腦中編碼資訊的本質，以及我們看見的意義，也因此我們可以靠著「別開視線」，得以從A點轉換到「非A點」。這樣的「別開視線」，可以是外部的移開眼睛，也或者是內部的在「心中」這麼做。我們有辦法靠著停下，重寫自己的感知，重新開始。我把待在「非A點」……以及抵達「非A點」的所有必要條件，稱為「生態視覺」（ecovi）。然而，如果要處於「非A點」，我們必須前往演化讓大腦極力迴避的地方……也就是讓自己處於不確定之中。

The Ecology

第十章

創新的生態

fInnovation

*

前文提到了解感知實際上如何運作，就能以全新視野看待「創意」與廣義的「創造」。了解**為什麼**人類大腦演化成今日的感知模式，就有辦法採取步驟，改變自己「看」的方式。這是個體必須承擔的責任，因為我們每一個人都有責任主動質疑（以及承擔相關後果）。不過，本書一直在強調，沒有人存在於真空之中。我們除了會打造自己的生態……由於我們居住的環境，除了由環境中的事物組成，也由那些事物的**互動**組成……我們也是生態的產物。因此，如果要真正學會換個方式看，我們必須學著在我們互動的世界裡更新感知，替自己與他人找到新的存在方式，打造出一個串聯前文檢視過的所有感知原則的地方。

加州大學柏克萊分校的「山谷生命科學大樓」（Valley Life Sciences）五樓燈光昏暗的走廊盡頭，有一道不起眼的門，看起來不像會通往有趣或充滿驚喜的地方，打開可能是工友的工具櫃，或是擺滿辦公室文具的儲藏室。事實上，門後是一個奇特的革命性空間，有著四個相連的大房間，天花板上掛著縱橫交錯的格子，連接著電線、線路、照明燈。到處都是電腦、攝影機、工程工具、電路板。最令人吃驚的是幾乎舉目所及，都是趴著看起來像昆蟲或爬行動物的小型機器人……不只是有點相像，而是唯妙唯肖，連四肢關節、軀幹肌腱都很逼真。我踏進一間狹長的房間，問一位博士生她怎麼會來到這裡，她只回答兩個字：「蟑螂」。

這裡是生物學家羅伯特·傅爾（Robert Full）的「多足實驗室」（Poly-PEDAL Lab）。「足」（PEDAL）是取「表現、能量學、動力學、動物、運動」（Performance, Energetics, Dynamics, Animals, and Locomotion）的第一個字母，五個字母加在一起，恰巧可以拼成英文的「足」，不過這還不「足以」說出傅爾的實驗室有多酷，也沒說出那間實驗室的驚人奇妙成就。傅爾和五花八門的人士合作，有大學生，也有各界的知名專家。他們的發現使科學家與大眾都感到興奮。「多足實驗室」解決了一個千年來的謎題：為什麼壁虎能黏在牆上。答案是「凡得瓦力」（van der Waals force），也就是一種分子間極度複雜的吸引力與排斥力法則。「多足實驗室」解答為什麼蟑螂能高速在空中翻轉，以及腹部朝上時繼續移動：後腿細毛使這種生物能夠勾住表面，還能一盪之下進入「快速倒轉動作」（rapid inversion）。傅爾等人還發現織網蛛（weaver spider）如何在網狀表面有效移動（相較於結實表面，網狀表面僅有九成表面積）：靠著一種可收攏的棘刺，讓接觸面積分散在腿上不同地方。「多足實驗室」問了大自然生物力學最令人費解的現象中，幾個最重要、最深刻（從後見之明來看）的問題……還回答了問題。他們提出的答案除了本身很有趣，還揭曉了背後起作用的重要原理。

傅爾的目標不只是要解開謎題。他的實驗室信條提到他們製作身體模型的生物：「我們研究牠們，不是因為喜歡牠們。我們研究的許多生物其實很噁心，但牠們能告訴我們大自然的奧祕，如果研究人類等其他物種則無法得到那樣的知識。」傅爾的目標是把那些生物的「結構祕密」，藉由機器人的技術研發，應用在人類世界，也就是在某種程度上，做到他和實驗室夥伴所研究的生物動作的逆向工程（reverse-engineering）。傅爾在這方面的成就，幾乎可說是前無古人，開闢了「生物啟發」（biological inspiration）這門新型研究領域與設計哲學，以及其他子領域，例如探討物體如何在表面上移動的「**地面動力學**」（terradynamics；相對的研究是「空氣動力學」〔aerodynamics〕），以及「**強健性**」（robustness，架構如何達到最強健形式）。傅爾實驗室提出的創新，包括受蟑螂啟發的「RHex」機器人。「RHex」在地面上的機動力，勝過先前所有的仿生學實驗。相關應用仍在探索之中，但已經開始改變真實世界的衝突區前線。美國軍方在阿富汗讓RHex當機器人先鋒，在人類士兵出發前，先行偵查地形，減少武力衝突。

傅爾教授的「多足實驗室」接連得出重大突破，但他本人謙虛低調，重視合作，致力於探索，不在乎個人得失。滿頭銀髮的傅爾，留著魅力十足的海象鬍鬚。激發他前進的動力從來不是名利，他全身散發人生經驗帶來的智慧，感覺就像一個疼你的厲害叔叔。我多年前在柏克萊念大學時，他是我的指導老師，我對他有第一手的認識。他的名言是：「重點是好奇心。」

傅爾教授主持著實驗室，但他不同於傳統的領導者定義，我會說他的工作並非找出所有的答案，而是找出好問題。傅爾教授最重要的領導者工作，就是「讓人願意關心（雖然辦法很多，最常見的方法通常是令人感到驚奇），因為如果你不在乎，每當碰上前文討論過的神經與文化吸子狀態，你將缺乏必要的衝勁，無力面對不確定性與吸子狀態的動能。傅爾的第二項領導者工作，則是問正確假設（通常是事後才知道正確）的「為什麼？」……接著問「如何？」或「如果？」……接著觀察……最後分享……一遍又一遍重複以上流程。傅爾教授顯然是這方面的大師。不過，光是問具備顛覆性的好問題還不夠。好的領袖必須創造出空間，讓其他人能夠踏進不確定性，玩心大發。好的領袖知道系統能否成功，要看自己領導的人，以及自己如何引導他們進入不確定性。這就是為什麼傅爾教授選擇的合作對象，願意接受他為了製造新機會，顛覆傳統思維（反過來也一樣，如果有人顛覆他的思維，他不會出現防禦心態）。傅爾不斷讓眾人停下，他的實驗室奠基在演化為我們帶來的針對不確定性的解決方案。

這裡的「解決方案」是指什麼？

答案是可以深深改變我們如何生活的**生活方式**……可以應用在多數創新事物、開山闢路的生活方式。這樣的生活方式有五條基本原則，也就是串連本書、我們一直在探討的五件事：

一、把「不確定性」當成好事：讓自己「停下」，發想出各式各樣的問題，認為停下是好事，而不是壞事。

二、擁抱可能性：鼓勵多元體驗。多元體驗是改變的引擎，可以帶來社會改變，還能帶來演化。

三、合作：支持團體／系統的多元價值。多元可以拓展可能性空間——最好能把菜鳥與老鳥放在一起，相輔相成。

四、內在動機：讓發想創意的過程，本身就是一種獎勵，即使碰到種種困難也能堅持下去。

五、刻意行動：最後，有意識地行動……從「為什麼」的觀點，有自覺地去參與。

很奇妙的是，從第一條原則一直到第四條，其實就是在講兩個字：「遊戲」（PLAY）。這裡所說的「遊戲」，比較不是指字面上的玩樂活動，而是講一種態度：在處理問題、情境、衝突時展現出玩心。

牛津自然哲學家、靈長動物學家貝恩克是遊戲學專家，專門研究成年個體的遊戲，尤其是倭黑猩猩（bonobo ape）。貝恩克長年和倭黑猩猩一起生活在剛果叢林中，近距離觀察牠們的習性與行為。倭黑猩猩和黑猩猩都是我們人類最近的近親，不過兩者不同的地方，在於倭黑猩猩是一種高度雜交的動物（包括公公／母母／長幼等等），雜交是一種有用的演化適應特質，倭黑猩猩靠性來調解衝突。不過，倭黑猩猩雖然以雜交出名，貝恩克發現在牠們的靈長目社會，遊戲其實是比性還常見的行為。

人類和倭黑猩猩非常像。我們有辦法一邊體驗這個世界，一邊學習，原因是**在遊戲中，不確定性是好事**。如果拿掉不確定性，遊戲就不再「好玩」。不過，好玩不代表「容易」。玩得好是很困難的一件事（所有曾「上場玩一玩」的奧運選手都能作證）。

此外，貝恩克等人證明，遊戲不同於我們人類與其他物種（例如：倭黑猩猩）必須耗費精力與珍貴卡路里的多數活動，不具備「後天性質」（post hoc nature，「後天性質」是指重要的是活動帶來的結果，過程本身不重要）。「後天活動」包括狩獵（結果：食物）、工作（結果：有錢吃飯、有房子住）、約會（結果：性愛／戀情），然而遊戲很特殊，**遊戲是一種出自內在動機的活動，我們玩是為了玩**，就像我們為了了解科學而了解科學。就是這麼簡單。過程本身就是獎勵。

遊戲的另一個關鍵，在於我們通常會和別人一起做這件事，不會是獨自一人。你和別人玩的時候，「你是誰」和「我是誰」很重要，不論是玩壁球、撲克或性愛都一樣。但我跟別人玩的時候，表現得可能跟和你玩的時候不一樣。不過，如果我和你玩的時候，把你當成隨便的另外一個人，或是認為玩什麼都沒差，將扭曲與限制我們兩個人能一起真誠體驗的事物。然而，許多不聰明的品牌，卻對著所有的消費者講話，就好像消費者是一個平均的整體，結果就是品牌的訊息傳不進任何人耳裡。把別人當成展現「平均值」的玩伴，等於是無視於獨特性的存在。遊戲研究顯示，遊戲讓我們能夠以安全的方法，得知他人的獨特性。遊戲可以創造揭曉假設的體驗，接著我們質疑假設，得出不可預測的結果。貝恩克的基本研究前提是遊戲會讓人的系統變複雜，增加出現靈感的可能性。

如同以童心探索生活可以使大腦出現豐富點子，遊戲讓人得以踏進不確定性，朝氣蓬勃。然而，一個人的玩不是完整工具。如果要在演化過程中生存下去，創新不能只是創造而已，還需要加上剛才的第五條原則：刻意腦筋急轉彎——不能只是為了不同而不同（雖然從隨機搜尋策略的角度來看，那麼做也有其價值）。第五條原則很重要，看一個例子就知道：如果把「意圖」（intention）加進遊戲，會得出什麼？

科學。

「科學」一詞會引發各位一連串的假設……不過恐怕各位聯想到的假設，大多不是什麼好事。說到科學時，你大概會想到無菌實驗衣與無趣的事實。你可能想到科學是一種方法，一切與測量有關，最後得到一堆資訊。然而，那其實並非科學真正的定義。此外，科學的定義也不是「科學的方法」。「科學方法」僅是一種觀察與行動的方法，實情比那複雜多了。你的確需要技巧，才有辦法設計與執行一**場好實驗**。技巧可能很難學，也很難運用得好：在我看來，很少有東西能像設計得當的實驗一樣優雅、一樣美麗，有如引人入勝、被優美演繹出來的畫作、歌曲、舞蹈。然而，科學的工藝和藝術的工藝一樣，媒介的工藝，不一定定義著媒介本身。

這種生活方式有實際用途的證據，是一群十歲小孩（包括我兒子米夏）做了蜜蜂感知研究後，在二〇一一年成為史上最年輕的科學論文發表人。這群孩子的「布萊克沃頓計畫」（Blackawton Project）應用以上的科學原則（「帶著意圖遊戲」），挑戰科學界。太多期刊的論文編輯委員拒絕刊登孩子的研究（就連英國最大型的鼓勵公眾參與研究的「惠康基金會」（Wellcome Trust），也同樣拒絕贊助這個計畫，理由是影響力不夠大）。然而，這個計畫（我們稱之為「i 科學家計畫」〔iScientist programme〕，由我們和傑出的英國教育家大衛・史特威克〔David Strudwick〕一同設計）創造出先前未被探索過的全新可能性空間……那是一種**同時結合**「創意」與「效率」的創新過程，而不單單只追求「創意」或追求「效率」。

「創意」與「效率」加在一起，才是創新的定義。創新是大自然隨處可見的辯證（dialectic），本書也提到其他很多這樣的二元張力，例如：現實 VS. 感知、過去的實用性 VS. 未來的實用性、確定性 VS. 不確定性、自由意志 VS. 決定論，以及「看見」與「知道」是兩回事。大腦本身呈現了這種「創意」與「效率」之間的基本對話，大腦或許是世上最具創意的架構。

人類的大腦靠「促進」（excitation）與「抑制」（inhibition）來平衡，維持平衡才能使大腦保持最佳的反應能力：太多「抑制」，刺激會無法順利傳遞，然而「抑制」太少的時候，刺激將帶來過度的封閉回饋迴路，導致癲癇發作。此外，使用程度增加會改變「促進」的平衡，此時「抑制」連結必須增加，才能維持平衡（反過來也一樣）。「促進」與「抑制」的平衡，使大腦在任何環境下都能維持蓄勢待發的狀態……有辦法回應不確定的情境發生的改變……這就是為什麼大腦能有效讓自身的複雜性配合情境。大腦會適應不斷重新定義的常態……不斷尋求動態平衡，產生不斷成長與刪減、成長與刪減的迂迴過程。這其實就是大腦在創意與效率之間來回，不停增加與減少自身搜尋空間的維度。神經科學近日發現大腦有兩種大型細胞網絡，其中一種是「預設網絡」（default network）。預設網絡在另一種網絡休息以及「自由思考」（free-thinking）時較為活躍，連結性較廣、較為全面。另一種網絡則較為具備明確方向與效率，一般會在從事專注行為時被啟動。

如果要簡化成直接的基本法則，這樣想吧：把創新生態中的「創意」，想成對更多新點子說「YES」。回想一下謝弗勒爾是如何解決哥布林製造廠的織品謎題。如果國王只給謝弗勒爾一個月時間找出問題所在，甚至給到一年，他都會失敗。追求效率會使他無法進行費時但必要的研究。不過，歷史上實際發生的事是謝弗勒爾有足夠時間消去錯誤的解釋（例如和掛毯品質有關的解釋），探索較為違反直覺的解釋，最終使我們對於人類感知的理解，出現跨時代的進步。

我們崇拜謝弗勒爾、賈伯斯及其他和他們一樣的「天才」，但有時靠說「NO」帶來效率也是必要的。效率本身不是壞事。並非不分青紅皂白就拒絕，說「NO」本身是一種藝術。有的人不但曉得該如何和探索型的創意心靈一起合作，也知道該說不的時候就要說不。創意工作少不了扮演這種角色的人士，他們就像編輯一樣，替作家設下交稿期限，還協助作家以最吸引人的方式說出故事（如同亞倫·舒曼對本書的貢獻），畢竟有時效率比創意更能救你一命，例如要是有一台公車衝著你而來，你當下的「戰或逃」反應將非常實用。此時你不會問自己：「嗯，我是否能以不同的方式看這件事？」因為答案是「YES」，的確有不同的方式，但你大概不該在這種時候試著換個方式看事情。明智的抉擇將是以最有效率的方式快點躲開，才有較大的存活機率——生存永遠才是重點。

不論是在生物演化、商業、個人發展等情境中，其他條件一樣時，消耗較少能量（真正的能量或財務預算）就能完成工作的系統，將勝過耗能較多的系統，也因此多數產業採取專注於效能的做法。

就連中小學與大學也一樣……學校理應在個人、文化、社會等層面上，鼓勵以不同方式看……然而即便是這樣的園地，今日也轉變成追求效率，實在是再諷刺不過：在商言商，「企業」明顯是為了自己而存在（這甚至是法律的規定），而不是為了背後的人。公司（大多）毫不掩飾地這麼做，也因此我們——在某種程度上——也接受了這種做法（除非是碰上太偽善的情形；大腦對真實性十分敏感）。然而不管怎麼說，中小學與大學理應是培育好問題的溫室，好問題無法在裝配線上被「製造」出來。我不能告訴我的博士班學生或博後研究人員：「麻煩在星期二前找到研究發現！」此外，發現的價值無法用金錢來量化（至少不是立刻就能變現），也因此試圖依靠增加效率來產生最多創意，將是完全錯誤的做法。然而，教育界就是這樣要求創意：創意被塞進競爭經濟模型。這就像暈船一樣：感官相互衝突，不只是思維上不相容，還得付出人命的代價。二〇一四年時，倫敦帝國學院發生十分不幸的事件，一名教授自殺。要是那位教授無法帶來大筆的研究經費，大學就要開除他。我們無從得知，那位教授是否生活中還碰上其他壓力，但大學的確正在對教職員施加愈來愈大的達標壓力，要求他們做到與教育真正的目的——從事教學工作，拓展人類思想與科學世界——無關的事。由於創意在短期不具效率（但長期有），這個世上需要有一個地方刻意以赤字方式營運。然而，這樣的赤字支出，似乎只保留給我們最不具創意的機構（政府）。大學要是硬要依照商業的效率模式來營運（即便沒有一流企業的財務基礎支撐），將減少大學產生的創意，也因此研究將走向轉譯研究（translational research，指可以有直接應用與獲利的研究），更少出現有益於長期發展的基本發現。值得留意的是，這樣的做法正在使大學與企業之間出現典範轉移，改由企業著手進行更多的創意研究，例如Google、臉書、蘋果等等。

（好了，牢騷發完了）

這個社會為了增加效率，無所不用其極，也因此我們該問，除了生死一瞬間的情境，是否有最適合採取效率至上做法的環境。生物學（包括神經生物學）給了我們答案：**競爭的環境**。競爭是很好的動力，也是「瘦身」的過程……消滅過剩、多餘、過時的事物。然而，從演化的角度來看，競爭會帶來大量死亡。以商業模式來講，競爭代表著公司將擁有「終結文化」：沒在規定時間內產出特定結果，就會被開除。這樣的做法可以靠著壓力，刺激出極端的成效，然而如果要激發創意的話，這是緣木求魚……除了探索沒被擺在第一位，員工承受的壓力也會縮限他們的可能性空間。

就連大腦也提供了靠競爭增加效率的證據。各位大概還記得，大腦雖然只占二%的身體質量，身體消耗的能量中，大腦就占了兩成（或是理應占兩成）。也因此從生物材料的角度來看，大腦細胞為了製造數兆連結，以及產生連結的電活動，需要耗費大量材料。換句話說，光是「**想事情**」（不一定是創意思考）就得耗費大量能量。這就是為什麼大腦試圖壓低腦細胞數量，以及減少每一個腦細胞的發射次數。這有兩種可能，一種是你擁有大量腦細胞，每一個在你的一生只發射一次；一種是你只有一個腦細胞，那個細胞在一生中持續發射。大腦實際上**兩種策略都採用**，藉由產生會爭奪有限能量資源的成長因子，平衡「細胞數量」與「必要活動」。比較活躍的腦細胞……或是精確一點來講，與自己連結的細胞同時也是最活躍的細胞……比較可能存活。不過，可得資源的數量，並未有限到會刪減冗餘的神經迴路，而那樣的神經迴路是創意與復原力不可或缺的要素。

各位可以比較一下鳥類的小腦與飛機線路。鳥類的小腦和哺乳動物的小腦一樣，控制著自身的運動行為。鳥類的小腦協調翅膀的運動，抗拒地心引力法則。生活在地面上的生物（例如人類）運動協調要是出錯，頂多是摔下幾英尺（一英尺＝三十公分）的高度，鼻青臉腫。相較之下，如果是鳥類的小腦出錯，那就糟了，也因此合理的想像是鳥類的小腦極具效率。的確是那樣沒錯，但其實鳥類小腦的連結冗餘程度依舊很高，理論上即使移除一半，鳥兒依舊不會摔落地面！再跟人類最複雜的戰機比一比，戰機可能是人類最具效率的發明。光是剪去戰機控制系統的幾條線，或是只要小幅度破壞單側機翼，甚至只要有一隻鳥飛進戰機的噴射引擎，一台造價數億美元的東西就會墜機。飛機的系統就和多數企業一樣（以及從體育、運動員一直到教育等現代生活的眾多系統），高度有效，但完全缺乏創造力，也因此不具適應性——無法創新！

若要創造成功的創新生態，我們必須研究人類生物學，應用人類自身平衡著「效率」與「創意」的腦神經原理。這就是為什麼永遠只注重創意，或是永遠只重視效率，最後都無法通往成功。這兩種特質必須存在於動態平衡。此外，系統必須發展。

發展過程是一種增加維度的過程，也就是「複雜化」（complexification）。我與其他學者的實驗室多年研究這個領域。「複雜化」相當符合直覺：最初簡單（只有幾個維度），接著增加複雜性（加進更多維度），再來是透過試誤去蕪存菁（移除維

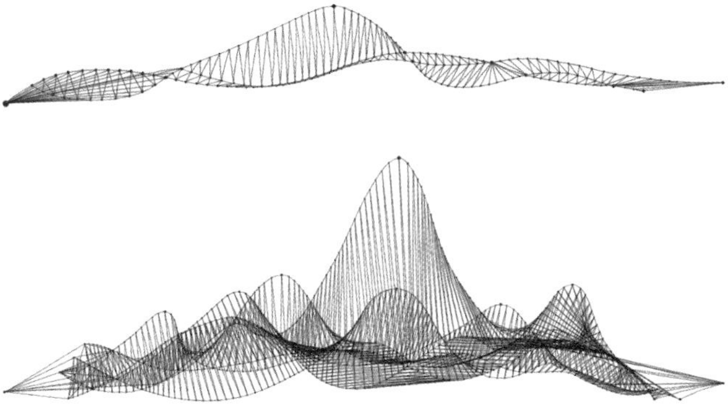

度）……最後再次重複整個流程。發展本身是一種創新的過程。

二○○三年時，蘋果開始研發革命性的智慧型手機。蘋果當時確定要讓手機螢幕採取新型多點觸控技術，顛覆使用者介面體驗，但不確定手機本身要如何設計。選項之一是採取「Extrudo法」，以擠壓成型（extruded）的鋁製作外殼，中間較厚，往側邊逐漸變薄，但設計長艾夫不是完全滿意這個設計方式，因此也同時實驗「三明治法」（Sandwich），組合兩塊經過特殊設計的半面玻璃。換句話說，艾夫的團隊讓事情複雜化，同時考量兩種假設都很優秀的可能性，協助團隊以創意方式搞清楚哪一種其實並不夠好。不過到了最後，兩種方法都未中選，艾夫決定採取先前的另一種原型……也就是說，他選擇了第三種假設。然而，要不是艾夫團隊已經先複雜化，設計出另外兩種方式，最後出線的不會是第三種假設。

這樣的複雜化模式，其實就是矽谷模式，雖然源頭其實是生物學：發展、學習、演化是一種不斷反覆進行的過程。「創新」的矽谷公司所做的事，其實一點都不新，基本上就是歷史上黏菌與大腦一直在做的事。不過，我的實驗室的大衛・莫金與施勒辛爾的精彩博士班研究顯示，複雜化要能成功，就得應用幾個重要的技巧與策略。

各位可以回想一下，先前我們從網絡的角度來看假設。網絡愈複雜，你的可能性搜尋空間，就愈可能存在「最佳」解決方案。原因很簡單：大量的互連會增加潛在解決方案的數量（如同

333 頁的下圖）。相對來說則是只有少數可能解決方案的極度簡單的系統（如同 333 頁的上圖）。然而，問題在於複雜網絡的適應力不強（也就是所謂的「低演化能力」〔low evolvability〕），因此雖然你如果擁有複雜的系統，你的可能性空間較可能存在最高峰，但演化過程大概會達不到那個最高峰，也因此帶來一大難題：複雜系統能協助我們適應，但複雜系統本身適應力不強。

這樣說來，要如何找到最佳解？

靠「發展」。

先從一個或少數幾個維度開始，接著多加一些。下頁圖為同一個系統發展時出現的變化，我和莫金稱之為「超地貌」（uber-landscape）。「超地貌」這個獨特的概念，將「時間」元素加進搜尋空間（搜尋空間的模型通常是靜止模型）。各位可以看到，系統一開始非常簡單……有單一的峰，但隨著時間沿 Z 軸前進，系統加進的元素愈來愈多，峰的數量穩定增加，直到抵達圖形另一端，達成最複雜的狀態，大約有五個峰。令人訝異的是，網絡以這樣的方式成長時，最複雜狀態中的最佳解，也是被找到的可能性最高的解決方案……系統在變複雜的每一步中，皆試圖降低自己的「能態」（energy state），與第一個例子相反。第一個例子也搜尋相同的解，但系統從自身最複雜的狀態起步。就好像從簡單狀態開始時，我們有辦法沿著山脊，從低維度空間，走到高維度空間。在這個過程中，我們有辦法藉由加進高維度，走過低維度系統的山谷。這種現象被稱為「加維度繞道」（extra-dimensional bypass）。相關發現提供了一條違反直覺但基本的原則（雖然的確是推測出來的原則）：把「噪音」（noise，也就是「隨機元素」）加入系統，可以增加系統的適應力。如果真是如此（雖然理論推測的成分很高），有的基因會存在，不是因為那些基因編碼任何特殊的表現型，而是因為它們增加了搜尋空間的維度。**就這樣而已**……接著一旦系統進入新高峰，那些基因就消失（或靜默〔silenced〕）。想一想這種現象放在組織裡是什麼意思：組織裡某個人唯一的功能，只有增加空間維度，跨越比較不理想的解答……也就是說，有的時候……

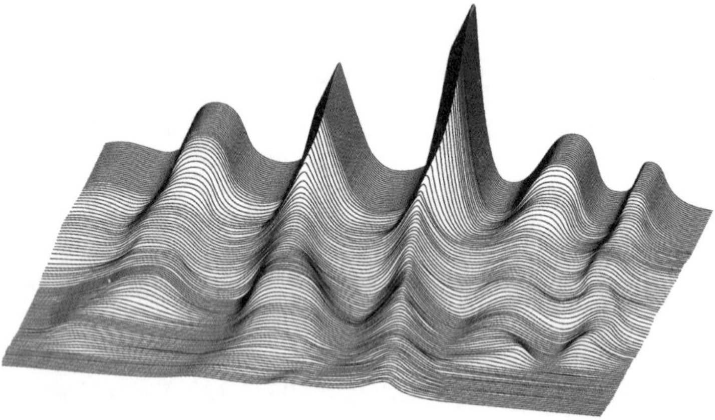

系統裡有雜音是好事！

儘管如此，添加新維度的時候，一定要平衡「週期性成功的速率」與「複雜化的速率」……同時也得在系統處於每一種複雜程度時，盡可能降低系統的能態。換個方式來解釋，如果是原本就體質不佳的糟糕手機，最好不要更新，不要升級；原本體質就好的手機，才適合更新與升級。大腦就是這樣發展的。大腦成長時，大腦會增加連結，**讓自己複雜化**：增加可能性空間的維度，打造神經電連結的新通道。不過，大腦會依據過去行不行得通的回饋來複雜化。可行的活動（有用的假設）的內部模式會被強化，不可行的活動（再也沒用的假設）被拋下。前面第三章提過，神經肌肉接合處的細胞就是這樣，製造出系統接下來會刪減的多餘細胞，但接著又再度複雜化，使得整體連結數量增加，不過是以有用的方式來組織。此外，施勒辛爾也在實驗室中證明，有用的複雜化過程，有自己的有效流程：藉由增加額外的一小步來複製系統（增加冗餘），有用的程度超過只是增加隨機的連結。我所說的「特立獨行者」，他們除了身上的細胞會這麼做，他們也以相同方式來活自己的人生……藉由使自身假設變複雜的新體驗，複雜化自己的存在……一次只踏出一小步……接著改變感知，不只是改變腦中的感知，也改變實體世界，然後又進行整合，繼續走完複雜化的過程。每一次的更新，也因此都是上一個版本的「重複樂句」（riff，音樂術語），而不是整件事完全重新思考。這種增加與減少複雜度的循環，就是人生特有的創新過程，以及解決人生難免的衝突的基本途徑。

因此，如果你有 iPhone 或任何其他蘋果產品，永遠有新修正、新更新、新型號。這不只是為了行銷而已，而是問問題的流程帶來的結果：那是設計長艾夫讓蘋果的設計團隊執行的開創性流程。主要概念是雖然蘋果擁有非常優秀的成功產品，蘋果必須不斷自問：**為什麼我們不能讓這個產品變得更好**？蘋果努力讓產品變好，不斷開新的小「玩笑」，每一代的 iPhone 都比上一代更進步。

除了大腦的發展，演化也很適合拿來說明兩極之間帶來好結果的張力。所有的物種都會走過「探索（創意）階段」（exploration period），出現不同特徵，例如數十億年前第一個離開海水的有機體長出的腳，或是人類等某些靈長動物發展出的對生拇指。有的時期出現大量擴張的多元物種（增加維度），接下來則是「利用（效率）階段」（exploitation period），具備有用新特徵的物種存活下來（減少維度），其他的物種則被淘汰，只剩下最強健的有機體。

這樣的循環，也反映在地球繞日，以及人類如何演化成配合自身環境。如果說人類這種物種的存在，本身是一個創新生態，清醒與睡眠之間的平衡則是創新過程的核心。清醒帶來連結，睡眠整合連結。人類的發展也一樣，先是嬰兒，再來是兒童，人類的小時候是大腦的關鍵時期，這段時期具備可塑性……**建立起**眾多未來的假設與吸子狀態。「太早」出娘胎帶給人類這種物種極大的優勢，有好幾年的時間，大腦還在發展的嬰幼兒無法靠自己存活。為了解決這個問題，人類的大腦讓自己適應自己恰巧碰上的環境，人類因此比其他物種更能在大自然中占據多元的地方。接下來，隨著年齡增長，形成期會趨緩，改變變得困難，我們反覆出現的經驗形成更深的吸子狀態（雖然我們當然依舊能夠以有創意的方式改變……那就是為什麼各位在讀這本書！）。不過，這些「繞路」讓你有創意，因而讓你有辦法沿著山脊繞過山谷，穿過「適存地貌」的不同山峰之間。一旦抵達更高的山峰，就可以拋下額外的維度，擺盪回典範中效率的那一方。創新（適應）也因此有如一個螺旋：當你以有用的方式走在循環之中，你永遠不會回到先前待過的地方，而是回到一個類似但較為高階的地方。

各位可以用音階來想像。你原本在「中央C」，接著往上走，經過D音符、E音符、F音符。隨著聲音朝高頻前進，你一路「遠離」C音符。這和創意階段很像，不過隨著你走過G音符、A音符、B音符，繼續朝更高的音階前進，**感知**上你開始「回到」C，但會是高八度的C。創新所帶有的這種螺旋性質，解釋了創意（很諷刺地）其實是通往效率的關鍵道路，而效率也能通往創意。如同大

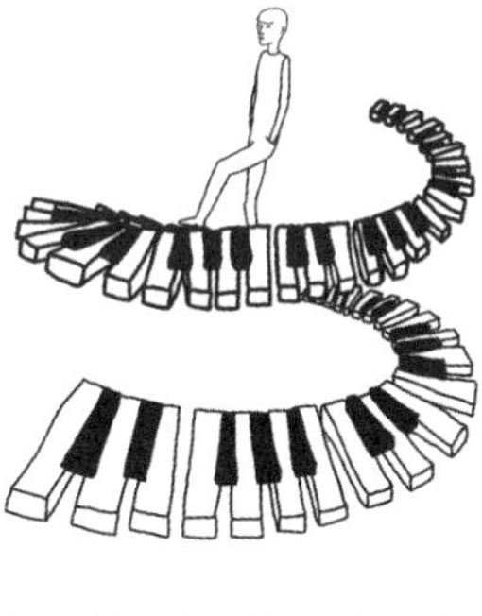

自然中的萬事萬物，重點是要在創意與效率之間移動，才能帶來持續不斷的適應過程，以配合千變萬化的世界。

這就是為什麼在商業，以及在其他試圖促成適應的文化（大學應該要包括在內），關鍵是永遠不能「鎖在同一個階段」，也就是在不移動的狀態下，以最大效率執行單一點子。在大自然裡（商業也一樣），這樣的系統很快就會被淘汰。「Yo」這個APP 是一個單一、高度專精、非常有效的傳訊系統，將人與人之間的溝通縮減至一個字：「YO!」（使用者唯一能做的事，就是傳「 YO！」〔嘿！〕這個字給彼此。）這個訊息的重要性要視情境而定。「Yo」的創始人只花了八小時，就寫好這個 APP 的程式，但很快就吸引數十萬用戶，沒有任何競爭者。「Yo」這個傳訊平台，有如前文提過的俄國藝術家馬列維奇的《白上白》，把自己所屬的領域帶至最終極的形式。然而，「Yo」要是沒複雜化，大概很快就會消失，或更可能的是被納入其他具備一般功能的平台。最成功的企業符合我所說的「楔子創新」（wedge innovation），開頭是「利刃」，靠著高度專一的產品，勝過同領域的其他對手（起家的原創點子具備效率）。然而，一旦增加用途、進而拓展公司可以發揮的情境後，這家公司做的事變多、做事的原因也增加。柯達公司（Kodak）是典型的不進則退例子，未能利用自己的楔子（柯達是讓一般大眾都能接觸印刷攝影的先驅），繼續開疆闢土，結果陣亡。柯達原本有機會搶占先機，但並未展開自己的向上螺旋，趕在對手之前進入數位攝影的領域。

蘋果則相反……高瞻遠矚、不斷往螺旋上方移動。

一間公司成長時（人生也一樣）需要同時開展不同螺旋，有各式各樣處於不同時間尺度（time-scale，不同的音階頻率）的產品。舉例來說，Google 在旗下一項產品抵達效率階段後（產品順利運轉，例如 Google 的搜尋引擎、Chromebook 筆電），公司已經處於其他創新的開端，例如自駕車。這就是 Google 成立 GoogleX 實驗室的原因。GoogleX 負責 Google 的登月研究與研發計畫，提出具備創意的點子，接著其他人可以著手增加效率（其實實驗室的流程就是這樣……例如前文傅爾的例子）。最後的結果是有的點子會開創出新東西，其他的點子則死亡，例如 Google Glass……Google Glass 會消失，不是因為技術不足，而是因為 Google 在設計時，似乎沒考量到一個基本面向：人類的感知／天性。Google 似乎沒考量到溝通時眼神凝視的重要性。人類轉動眼睛，除了是為了得到資訊，也是為了傳遞自己的情緒狀態，以及雙方關係的本質。舉例來說，如果我看著你，而你眼睛往下看，你是在暗示臣服或不安感。如果你往上看，你可能是在傳遞意思相反的訊息。

生物學告訴我們的基本重點是「不適應，就死亡」。

在商業與人生中，我們必須永遠處於循環之中，永遠留意傅爾教授的實驗室用來評估「效率」與「創意」的互動等式。傅爾表示：「計畫成功的機率是『計畫的價值』除以『計畫花的時間』。你得在那些元素中取得平衡。」如果要讓那個等式得出高成功率，有一個簡單的模式：我們必須從創意出發，接著加上效

> **我們必須從創意出發，接著加上效率……然後重複這個流程。**

率……然後重複這個流程。不能反過來，先求效率，再尋求創意，也無法同時追求創意與效率（除非同時有幾個不同的小組一起努力）。

在計畫的開頭，最後期限還是很久以後的事，此時「天馬行空的思考」很重要。道理如同發生事關生死的資源搶奪戰之前，基因突變對物種來講很重要；也如同畢卡索終於把自己的曠世傑作《格爾尼卡》（*Guernica*）畫上最後的畫布之前，先做過數百次研究。然而，如果你從效率起步，你會限制住自己的可能性空間，無法先利用最適量的時間反覆推敲，找出最佳點子。這就是為什麼編輯不會作家一邊寫，就一邊編輯每一個句子，而會等作家完成探索期**之後**，才閱讀各章節或整本書。（最厲害的編輯會協助作家在創意與效率之間找到平衡。）這就是為什麼如果歌德事先給自己一個期限，例如最多用十年整理自己對於色彩的想法，而不是無限期追尋下去，他就不會因為迷上色彩，為了寫他那本探索得太過頭的著作，整整浪費二十年的人生歲月。

不論是過去或現在，最成功的生命系統會交替出現創意與效率的循環。矽谷／科技文化有效地將這個流程變成自己的專屬流程。成功的關鍵是找出何時要分析來自生態的回饋。公司如果讓自家有潛力但遠遠稱不上完美的 APP，不斷反覆取得回饋……例如頭幾個版本的約會 APP「Tinder」、交通 APP「Waze」、不動產 APP「Red Fin」……就有辦法取得「不斷輪替」的優勢，迅速從效率到創意、再從創意到效率，提供最好的產品，滿足消費者的心願。這樣的公司實地尋找最佳解決方案，探索自己的點子適存地貌的山峰與山谷。從這樣的角度來看，探索的過程中，「失敗」是必然會出現的附帶產物。採取這種方式的新創公司，有幾間成功了，也因此近日很流行「在失敗中前進」（fail forward）與「以更好的方式失敗」（fail better）等說法。此類句子是相當好的座右銘，不過其實相關的基本精神，早在科技社群採用之前就存在。科技社群撞上了科學。

然而，如果以恰當的方式執行，這樣的模式其實不會出現失敗，因為什麼都沒學到才叫**失敗**，證明假設不正確不算失敗（你學到東西）。科學是這樣，商業也一樣（或者該說，商業**應該**要這樣，雖然永遠會有營收的問題），也因此以矽谷的座右銘為例，「在失敗中前進」這句話要不就是錯的，要不就是，嗯，**有誤**：一個可能是這句話錯了，因為設計得當的實驗不會出現失敗，也因此不該以失敗的概念來看待科學的工藝；另一個可能是矽谷看待失敗的概念有誤，因為對科學來講，有學到東西就是前進，也因此根本不會有失敗這回事。這個觀念是所有創新生態的核心精神，也因此或許矽谷需要新的座右銘：**學習**……**前進**……**好好實驗**……（好吧，不是很琅琅上口）。

現代科技文化確實理解，真正的創新、成功與情感滿足的生產流程並非順暢無縫，而是有衝突，有延遲，有帶來後果的錯誤。一如前文的盲童班再次學著「看」的時候，有痛苦的跌倒時刻。跌跌撞撞令人感到洩氣（這一點必須承認），然而衝突可以帶來正面的改變（如果處於正確生態），因為真正的創新生態，原本就不會帶來無縫的結果，而大腦再次提供了解釋。

人腦不會試圖完美，我們天生會在不完美之中尋求美。我們的大腦除了受確定性吸引，也受「噪音」吸引，也就是帶來不同事物的不完美。此外，各位應該還記得，我們的五感需要對比，才有辦法弄懂無意義的資訊；少了對比，資訊就沒有意義，接著如同前文的微跳視實驗，我們會瞎掉！以彈鋼琴為例，機器所演奏的鋼琴和人類大師彈的琴，主要的不同點是什麼？為什麼機器的樂音缺乏美學？那種聲音聽起來冷酷、「沒有靈魂」的理由很諷刺：因為太完美了。沒有錯誤，沒有遲疑，缺乏自發性。人類共通的需求與欲望是不斷適應，完美的樂音給不了這種感覺。簡而言之，各位的大腦演化成尋求自然的美，而自然的事物**不會是**完美的。這就是為什麼創新的過程不需要完美，創新的結果也不必完美。

你如何不完美……你如何與眾不同……那才重要。

在「創意」與「效率」之間移動的螺旋過程，天生不完美，因為「之間的空間」是過渡的區域，生物學上稱之為「**生態過渡帶**」（ecotome）——那是一種從某種空間過渡到另一種空間的地帶，例如森林與鄰近草地之間的地帶、海洋與沙灘之間、尼安德塔人與人類之間。「生態過渡帶」會帶來生物學上最大的創新，但也是最危險的地帶。人人都知道，過渡會帶來不確定性，例如：從青少年轉換為成人、從熟悉的房子搬到新家、從單身生活進入已婚生活（人們經常後來又會從已婚變單身）、從無子生活到為人父母、工作生活變退休生活。關鍵差別在於創新會在「之間的空間」移動，創新就是**發生在**之間的移動：創新不是待在渾沌邊緣（edge of chaos），而是待在「平均的」渾沌邊緣。在實務上，這句話的意思是說，你必須在任何時刻都曉得自身處於什麼階段，並進一步把效率人士擺在負責效率的位置、把創意人士擺在負責創意的位置。如果這方面沒做好，在創新過程中，其他每一件事大概也會出錯。你要讓執行長來引導公司願景，而不是讓營運長來做這件事。營運長的工作是確保願景被執行。最厲害的創新者很少是個人，而會是具備「創意」與「效率」之間的張力的團體，而「**新手**」**加**「**專家**」尤其是創新生態中最強大的組合。

傅爾教授說過：「大學生可說是我們的祕密武器……因為他們不曉得什麼事做不到。」他指的是「天真」的大學生，那些年輕的男男女女，有時甚至還不到二十歲，還不知道哪些事叫「癡人說夢」。「我們先前的重大突破來自大學生。我告訴一個大二學生：『壁虎的纖毛迷你到人類看不見、拿不住。我們必須測量每根纖毛的力，如果做到了，就能測試那些纖毛是如何附在表面上。』結果那位學生把我的話當真！」傅爾只是在陳述符合邏輯的做法，不認為技術上辦得到，沒想到那位大學生想出聰明法子，真的測出壁虎纖毛的力。「她才大二就找出方法，就算是研究生都不太可能辦得到。她就那樣走進來，報告：『噢！我量了。』我說：『什麼？！』」無知不只是福，無知會帶來科學成就。

在我的實驗室，我告訴學生，一開始先不要讀自己領域的東西。我喜歡他們從天真的狀態開始**東碰碰，西碰碰**，以那樣的方式展開研究過程，接著到了最後，他們自然必須進入專門領域的效率模式，博士研究最終會那樣要求。我希望學生能儘量保持原始的赤子之心，時間愈久愈好。這樣一來，他們的假設就會和「身為專家」的教授（例如我）完全不同，教授反而會從學生身上學到東西，我個人常常碰到這種情形。事實上，雖然在創新的生態中，團體的多元性是創意的基本元素，不是所有的多元都這樣：某些類型的多元性，勝過其他類型的多元性。我的「怪奇實驗室」慣例是探索「專家＋新手」帶來的多元性（新手並不無知，只是缺乏經驗）。我們採取這種做法的原因，在於專家由於知道哪些問題不該問，通常缺乏問好問題的能力，然而世上所有的有趣發現，幾乎都不是源自問「正確」問題……而是問表面上是「笨問題」的問題。這也是為什麼專家相對而言缺乏創意，但具備效率。然而，對的專家……懂得「帶著意圖遊戲」（即「科學」）的專家，有辦法辨識好問題，只不過他們自己問不出那樣的問題。新手和專家相反，新手有辦法拋出令人想不到的好問題，因為他們不曉得自己什麼不該問，但缺點則是他們認不出什麼會是好問題。

重點是我們必須把專家和新手擺在一起，因為兩者會變成最佳拍檔。創意型人士不一定知道自己要去哪，或是不曉得自己想做的事意謂什麼事（前提是他們是真正的創意人士，創意人士總是離經叛道）。這樣的人通常需要「實務型人士」來協助他們，幫忙判斷哪些點子是最佳點子。相較之下，專家比較容易困在自己狹隘的「隧道視野」（tunnel vision）中，直到新手出現，問了一個問題，突然間「隧道」豁然開朗，變成廣闊原野。最有名的新手例子可能是愛因斯坦。愛因斯坦相對而言是學術界的局外人，沒受過專業訓練，不曉得自己不該問哪些問題。當然，愛因斯坦後來成為物理學界裡專家中的專家，但他不曾失去自己的天真。這裡我們說到了一個重點。

如同愛因斯坦的例子，我們有可能同時又是專家，又是新手。以「多足實驗室」為例，在這間實驗室裡，生物學家與物理學家並肩合作，但通常雙方都不是很懂對方的領域。傅爾表示，來自不同領域的人，「在別人的領域是新手」。實驗室成員經常對調角色，因為對大學生和研究生而言，傅爾是專家，但他和比如說數學家合作時，他是新手。關鍵在於知道每一個人有多種面向，也知道他們在哪個情境扮演哪個角色。傅爾表示：「某些人可能很傑出，但可能對生物學一無所知。」簡單來講，要創新的話，我們需要團體多元性，就連我們每個人內在的「團體」也一樣。每個人必須培養自己的整體內在，靠內建的對比，建構出創新的生態。此外，有團體就會有領導者，領導者決定著創新生態的成敗。

什麼樣的人是好的領導者？好的領導者會讓其他人踏進未知的世界。然而，由於未知的地方帶有不確定性，我們不曉得會發生什麼事，我們的恐懼通常會使我們誤入歧途，帶著他人走錯路。我們想要保護自己人的天性，有可能讓我們不斷替自己的孩子打開譬喻性的夜燈，感到應該幫孩子照亮空間。然而，我們真正該做的事，其實是把孩子帶進黑暗之中，讓他們學著自己摸索。

我有三個孩子，他們兩歲的時候，都做了兩歲小孩會做的事，我因此漸漸了解，孩子身處黑暗時，他們想找到牆壁在哪裡——他們通常會全速衝向牆壁。我的孩子念英格蘭德文郡（Devon）布萊克沃頓村的學校時，當時的傑出校長史特威克（前文「布萊克沃頓蜜蜂計畫」的主持人）會告訴家長：「我們的學校允許孩子爬樹。」（一名校長居然需要特別強調這點，實在不可思議，意思就是說有的家長會為了不讓孩子爬樹，讓他們改念別的學校。）如同身為學校領導人的史特威克，身為家長的我，我的責任不是幫孩子開燈，而是讓他們在黑暗中奔跑（探索）。我提供牆壁，讓孩子不至於跑太遠，但又讓他們安心，知道自己撞牆跌倒時，會有人扶他們起來，因為兩歲的孩子同時又想要探索，又想要有人抱（青少年也一樣，成人也一樣……所有人都一樣）。孩子在這樣的情境底下，開始建構自己的可能性空間（也開始了解自己的空間，一定會和身邊其他人的空間有重疊之處……就此例來說也就是他們的父親／我這個人的空間）。你得放手讓孩子飛，但也得有紀律與智慧，知道何時該要他們停下。叫孩子停下，不是因為他們不守規矩的行為引發你個人的恐懼，而是因為他們做的事會傷到自己。為人父母很像是游移於創意與效率之間，你得讓孩子學習有時飛，有時停，但方法是讓他們累積自己的試誤史，而不是接收父母的試誤史。

也就是說，隨著這個世界連結程度增高，不可預測性也提高，領導的概念也得跟著改變。領導不再是站在前頭指揮，帶著大家朝效率走，提供**唯一的**答案。一個領導者好不好，要看他如何帶著大家穿越暗處，走進不確定性。最成功的公司、最優秀的實驗室，甚至是最佳的醫療，領導風格都朝這個方向改變。

尼克·艾文思（Nick Evans）是英國頂尖的眼科外科醫師，每一天都和可能永久踏入黑暗之地的病患合作。所有剛生病的人都一樣，心中最大的壓力源是不曉得以後會怎樣。帶領這些病患走過疾病的方法，不是提供更多的病況與症狀資訊——這種靠提供更多測量數據來說服他人的方法，專有名詞是「**資訊不足模式**」（information deficit model，多數的氣候科學家都採取這種理性的做法，但參與公共領域時不適合）。當病患因為不確定自己會發生什麼事，艾文思醫生做的不是提供資訊，而是藉由「同情」（compassion）直接處理他們感受到的恐懼與壓力——除了協助他們了解**為什麼會這樣**，也協助他們了解**如何能走過一切**。

優秀領導的重要元素是「願意給予」……**毫無保留地付出**。以傅爾教授為例，他的付出除了讓整間「實驗室」成功，也讓實驗室裡的個人成功。傅爾自然而然把這當成自己身為實驗室領導人的目標：「幾乎每一天，我都交出自己最棒的點子。」他的意思是說，他固定把自己的重要生物力學發現，告訴學生與合作對象，不會藏私。「沒關係的，因為我會挑選能進一步深入研究的人，傳承下去，有人幫我的好奇心找到答案。」答案出現的時間點，有時是學生還待在傅爾的實驗室時，有時則多年後才出現。傅爾把這看成一種穿越時空的異花授粉生態，科學熱情與科學發現的重要性勝過個人私利。

實驗室應該像一個大家庭。如同所有互相關懷的關係，當人們感到自己被照顧、可以安心實驗，實驗室會有最好的表現。信任是能領導他人走過黑暗的基本要素，信任讓人們得以提起勇氣面對恐懼，不會靠憤怒來掩飾恐懼。由於信任的基礎是**處於不確定性之中時**，相信一切會沒事，領袖的基本責任其實是領導自己。研究發現成功領袖有三種行為特質：以身作則、承認錯誤、看見他人的正面特質。這三項特質皆與遊戲的空間有關。「以身作則」會帶來一個人們信任的空間——沒有信任，就沒有遊戲。「承認錯誤」是擁抱不確定性。「看見他人的特質」可以鼓勵多元。

我甚至認為，不論是深諳領導學，也或者是直覺就知道，最優秀的領袖靠「掌握感知」來領導——他們懂得利用演化帶來的人腦天性，不會與之作對。此外當然，領袖知道如何和自己領導的人溝通。厲害的領袖知道世上的事不是非黑即白……但他們講話時給予明確的判斷指標。

厲害的領袖知道世上的事不是非黑即白……但他們講話時給予明確的判斷指標。

最偉大的領袖集矛盾的特質於一身，同時既是專家又是新手、既有創意又有效率、又嚴肅又風趣、又親民又遁世——或至少他們會讓身邊的人擁有這樣的多元性質。以教養來說，好父母會看見孩子行為淘氣的一面，但也看見孩子的正面特質。好老師會讓學生自由去「看」（不會限制他們只能看什麼），但也會提供讓學生能成功去看的環境。最優秀的領袖有愛心，有勇氣，做出抉擇，有創意，照顧到全部的人——此外，領袖的第六項基本特質是他們關心自己的使命，也就是說他們擁有強烈的企圖心。不論是親子關係、戀愛關係、公司關係，必須先了解那段關係的為什麼，甚至知道某個人的為什麼（那個人如何定義自己），才有辦法打造出創新的生態。如果是父女或情侶，那個為什麼是指愛（他們替自己定義的愛）。如果是公司，那個為什麼由公司的「品牌 DNA」來定義。人們不質疑屬於為什麼的這個元素，但會質疑其他事。我的意思不是**不能**質疑，只是如果要從「A 點」抵達「非 A 點」，你需要某個可以抓住的基本依據，還要有原諒的能力。這樣一來，即使你踏進黑暗，大腦不小心出現不實用的反應（這是生活中難免的事），你依舊知道一切會沒事的。新出爐的原諒科學研究顯示，原諒對大腦有好處，可以促進細胞成長與增進連結。此外，原諒還對整個身體都有好處。當然，原諒的關鍵是有必要時原諒自己。從實際的觀點來看，原諒就是忘掉舊的意義，是一種停下，是從A點抵達「非A點」……是「生態視覺」。這就是為什麼「失敗」能帶來成功。

每一個人都是本章探討的邏輯辯證／運動／感知張力的化身。你是專家與新手，你有創意也有效率，你是領導者也被領導，也因此你的內在有一個社群。這樣的複雜過程必然不完美，還會出現搞砸的時刻，然而各位會犯的基本錯誤，將是不相信大腦會獎勵你踏進不確定性構成的黑暗，尤其是如果我們在創新的生態中，跟著別人一起踏入。只有在漆黑的創新生態之中，我們才可能同時以個人與群體的身分，以不同方式看，偏離常軌。領袖也一樣，領袖必須打造出可以腦筋急轉彎的**實體空間**，因為地方與空間是人類能夠幸福的基本要素。在這個科技的年代，我們似乎忘記大腦是在身體裡演化，身體又是在世界裡演化。我們永遠逃脫不了這個基本事實，感謝上帝！

本書的多數內容是在我家寫成：我住在一棟有兩百年歷史的四層樓磚造透天厝，地點在英格蘭牛津。我和妻子伊莎貝爾把這棟房子暱稱為「小海灣」（The Cove），把那裡想像成海盜（與非海盜）的避風港。雖然人類喜歡確定性的感知，試圖說服我們，說我們每個人都是一個統一的整體，然而我們每一個人都是由複數的自我組成。我的家人可以在「小海灣」裡展現五花八門的自我。我和太太模仿大腦會在「創意」與「效率」的兩極擺盪的概念，把家裡布置成各種不同空間。此外，由於人待在空間裡的時候，空間會強烈影響我們的知覺，我和太太把家布置得很多元。舉例來說，昏暗燈光會增加創意，明亮光線則有助於分析式思考。高的天花板會改善抽象與關聯式思考，低矮的天花板則有反效果。不斷延伸的風景可以促進聯想，輕微的壓迫感則可暫時改善記憶與注意力。我們依據相關概念打造「小海灣」，每一個房間都有不同的「為什麼」。室內設計與建築透過「為什麼」，散發出特有的精神。另外，所有的空間都必須有前文提到的「雜音」——亦即沒有既定定義的空間……讓大腦可以適應的模糊空間。此外，「小海灣」代表著我們努力活著的精神——我們想要主動創造出一種生活方式，讓自己、讓他人都能快活地活在自己的怪奇大腦裡。不論是在我們自行創造的空間，或是在我們和他人共同生活的空間，不論是在家裡、或是在工作場合，我們每個人都必須打造出自己獨有的創新生態。由於你的大腦由你的生態定義，你的居住空間的「性格」自然會影響你的大腦。

既然我們現在知道創新生態的元素有哪些，我們得負起責任，隨時打造一到多個創新生態。我們的工作可以是一個實驗室。我們的家人可以是一間實驗室。愛可以是一間實驗室。我們的嗜好可以是一間實驗室。就連最平凡的日常生活也可以是一間實驗室。這些人事物全都是生態，由不同元素之間的互動組成，其中一個元素便是我們自己。不過，這些空間不一定天生就具備創新精神，尤其是如果它們傾向於遵守「不的物理法則」，此時得靠我們來讓它們創新。我希望讀到這裡，各位已經了解為什麼創新是圓滿生活的基本要素：創新可以充實大腦，你的感知會出現新的可能性，生活也跟著豐富起來。

A Beginning:

這是序，不是跋

為什麼要腦筋急轉彎？

Why Deviate?

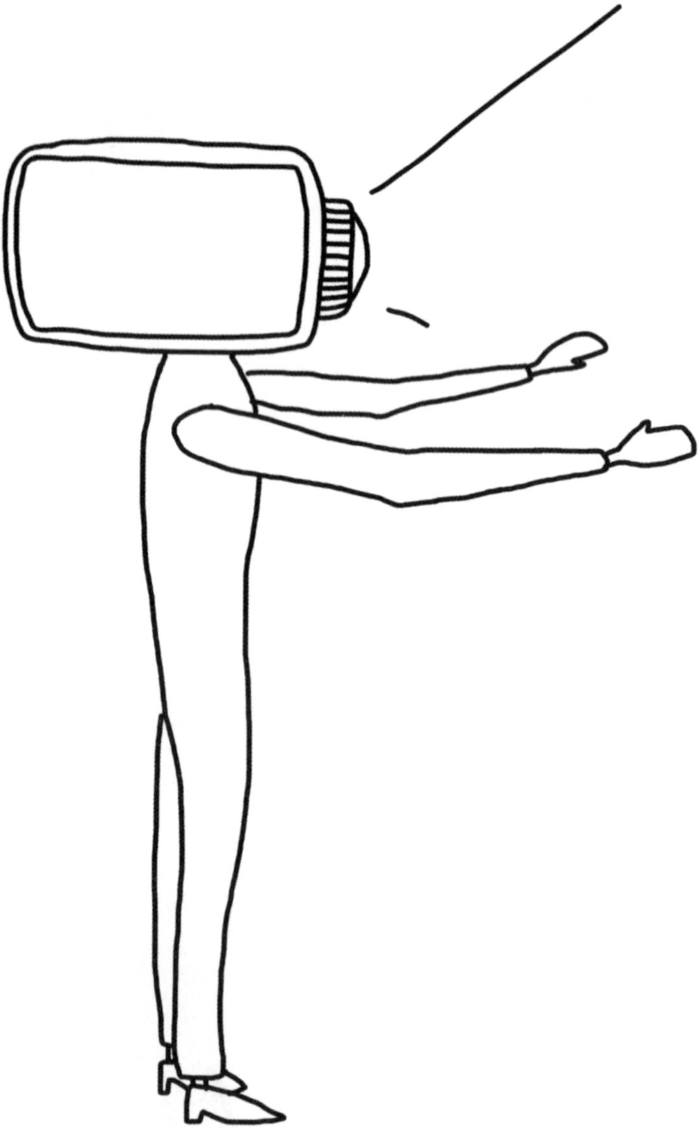

＊

我的目標是讓大家讀完這本書之後，發現自己知道的事比想像中少，勇敢地去質疑最深層的事……懷疑你所感知到的事實。這本書把讀者和作者集合在一起，大家一起創造新的「感知的過去」。我的目標是創造出未來的新感知。我的大腦現在擁有的反射弧，已經不同於我開始寫書的反射弧。各位也一樣，既然你現在已經讀完這本書，你的反射弧也變了（雖然不一定是變成我希望帶來的反射弧）。我們從現在起共同擁有的東西，只不過是一個共識的**開端**：在這本書中，我們從大腦的角度出發，了解為什麼我們會做我們做的事，以及我們之所以為我們的原因，了解人不該以**固定**方式活著。這個世界千變萬化，以前有用的東西大概會改變，甚至明天就失去作用，也因此我希望這本書將協助各位過著**具備可塑性**（就跟大腦一樣）的新生活，現在你已經永遠能**看見自己在看**。大腦具備看似神奇的能力，讓你有辦法同時在心中想著多種現實。你可以藉由這樣的能力，靠著感知重新塑造感知。現在你握有大腦知識，可以刻意**讓自己以不同的方式看**。

我們現在知道，感知使我們能夠以實用的方式，體驗外頭的生活。這個珍貴異常的禮物，來自億萬年的演化、數十年的發展，以及從試誤中學習的小小時刻——從錯誤中學習，又尤其重要，畢竟失敗了才知道怎麼做才行得通。我們腦中出現的體驗外頭事物的感知，是我們感到自己看到「現實」的原因，儘管現在我們也曉得，感知本身並非現實。你看見的每一樣東西，**萬事萬物**，只存在於一個地方：這裡，在你的頭腦裡。你體驗的每一樣東西，只發生在你的大腦與身體裡，建構於「之間的空間」，源自「你」與「你世界裡的其他人」互動所構成的生態，地點在「你」與「你的世界」之間的空間。

我們不這麼覺得，是因為我們把在「之間的空間」中創造出來的感知（源自事物的互動），**投射**在外頭的事物上，也因此某個紅色表面，可能看起來在你前方一公尺的地方，但實際上近很多……那個表面的紅色**在你心裡**，就好像我們的眼睛和其他所有的感官，再加上大腦其餘的部分，變成一台投影機。外頭的世界其實只是我們的3D螢幕。我們的受器接收自己收到的無意義資訊，接著大腦透過與世界互動，編碼那個資訊的歷史意義，將我們的主觀版本的顏色、形狀與距離，投射在物體上。從這個角度來看，古希臘人可以說相當接近形而上的真相：柏拉圖及其同時代的人提出「視覺發射說」（emission theory of vision），宣稱我們能看到東西，靠的是從眼中湧出的光流。

我們的感知其實是感知的回饋，感知製造出自我增強的敘事，儘管如此，我們的感知有效協助我們生存，還使生活產生意義。你現在感知到的東西，來自一路帶你走到今日的感知史。一旦你感知到，那個感知也變成你「未來的過去」的一部分，影響了你未來將看到的東西。這就是為什麼自由意志比較不是存在於「現在」這個當下，自由意志源自重新賦予「過去的感知」意義，改變你在未來的反射性感知。所有的意義，包括我們與他人的意義，都被投射在外頭。道理如同我們把性質投射在水上、表面上，以及其他物體上，在不同情境下，我們感到有不同的意義。當然，當「其他物體」是指另一個人的時候，這個過程會變得很複雜，可能是大自然中最複雜的一件事。你的大腦只能感知到對方帶來的刺激（他們的聲音、他們反射出來的光、他們的動作），無法感知到他們怎麼看自己、怎麼看你，因為你永遠無法進入他們腦中。

我們把自己感知到的**每一件事**都投射在世界上，包括他人的世界：他們的美、他們的情感、他們的性格、他們的希望、他們的恐懼。這不是哲學觀點，而是科學的解釋。我希望這個解釋徹底改變了各位如何看待自己與他人的思考與行為。你感知到的關於另一個人的事，的確與你和他們的互動有關，不過你的感知依舊發生在你的內心，只不過它們源自你與他人**之間的辯證空間**。也就是說，**他人的個**性，其實可說是你的個性的投射。他們的恐懼是你的恐懼的投射。是的，人們的確客觀存在……只是對我們來說永遠不是如此。同理，其他人怎麼看你也是一樣。你也是他們的官能製造出來的東西。你包含了自己感知到的其他人的所有性格、恐懼與顏色。

我們深深感到自己與他人連結，**的確**是這樣沒錯，也因此知道其他人只是我們的大腦與身體虛構出來的東西，感覺很嚇人，甚至有點貶低了人存在的價值。如果說我愛上某個人，或是和其他人共度了一段深刻、有意義的經歷，其實只是我的大腦裡出現有如電影《駭客任務》的一場夢而已嗎？從某個角度來講，的確如此，然而如同物質表面具備客觀性質，人也具備客觀的恆常性，超越了大腦必須解讀的歧義性。

這是他人的「為什麼」。

我們在天生不確定的人生中，尋求著確定性，也因此我們經常會試著找出他人與我們自己**不會變的地方**。我們也以非常類似的方式，尋求著東西不會變動的面向，例如物體的反射特性（色彩視覺學探討的「色彩恆常性」〔color constancy〕）。我們努力尋找人們的**性格恆常性**，以預測他們的行為，靠著預測帶來熟悉感，接著熟悉感又帶來安全感，因為演化中的預測是為了存活。有安全感的時候，我們就有辦法放下心防，培養信任感，同時感到愛人與被愛。這樣的性格一致性，這種難以捉摸的偏離平均的恆常，那個我們試圖在他人身上碰觸到的東西……有可能就是所謂的他人的靈魂。然而，他人身上具備的恆常性不會大家都一樣……**每個人有自己獨特的地方**。

我們與他人一起感受到的人際連結，是我們的投射互動的方式，也因此我們需要教孩子、教彼此在聆聽時「停下就對了」。不只是碰上衝突時要停下，永遠都要停下，才有辦法**以不同的方式聽**。聆聽能減少我們投射到這個世上的答案，有可能提出問題，有可能經由問問題，讓我的假設連結到你的假設，此時我們會感到「彼此連結」。另一種可能則是感到雙方的假設相互衝突，有機會透過和自己不同的可能性空間，改造與豐富自己的可能性空間。我們之所以無法完整接受他人的人性，原因通常是因為沒意識到自己的人性，因為我們的主要印象是我們看到、聽到、知道的事，就是世界**真實的樣子**，但其實不然，也因此我希望大家能多一點同情心。這個願望其實就是我寫這本書的主要動機……我希望藉由科學知識，鼓勵大家擁有同情心。同情心（與謙遜）再加上勇氣之後，就有可能創造出很美好的事。

我們的思想、感受、信念，其實受實體生態、社會生態與文化生態影響。了解背後的機制後，就更能了解人與人之間為什麼有共通之處、又為什麼會起衝突。我們人會受自己的社群影響，重新審視這點，重新賦予過往實證意義後，我們將更感受到凡事不可輕信，但也會更感受到歸屬感與人與人之間的連結……進而擁有勇氣，尊重自己，也尊重自己身邊所有的人事物。社群的概念使我們更懂得謙卑，因為社群證明了我們所有人都受到集體的生態影響。所以說，記得要慎選自己加入的生態，因為你的大腦將適應那個生態。

既然現在各位知道，為什麼我們會看到自己看到的東西，不帶著懷疑進入衝突，等於是在無知狀態下進入衝突。聰明人知道，不可能一直重複相同的行為，卻期待會出現不同的結果。「讓自己以不同方式看」是勇氣的源頭……有勇氣處於不確定的空間。我女兒桑娜小的時候會跑來找我，說她害怕上台跳舞；另外像是我兒子米夏與西奧加入新球隊；我太太伊莎貝爾在剛果叢林追蹤倭黑猩猩；我母親得在家帶五個孩子還去上護校；我父親在沒有太多外援的情況下開創事業；我失聰的曾祖母自己一個人漂洋過海，抵達陌生的世界……天啊，我的家人有過太多「糟糕的」點子。他們說得完全沒錯，他們想做的事真的太嚇人，感到害怕是應該的。寫這本書也令我感到害怕。做任何可能會徹底失敗的事都很嚇人，而愈多人會知道我們失敗，我們就愈恐懼，因為人類演化出使我們需要歸屬感的「社交的大腦」。從客觀角度來看，去做可能失敗的事都是不好的點子。我們現在的日子過得好好的，為什麼要沒事找事做，想去看山丘另一頭有什麼？這真是一個糟糕的點子，因為別忘了，世上的死法有千百種，生存下去不容易。然而，各位還記得前文提到的魚嗎？待在魚群中很安全，但有幾隻魚很怪，冒著生命的危險，勇敢脫離魚群，最後找到食物？

我們每個人心中都有那兩種魚，也因此聽見伊莎貝爾的叢林故事，或是看見我的孩子雖然非常可能失敗，依舊去嘗試新體驗……令人**感到**鼓舞。看見老了卻依舊思想開明的長者，也令我們景仰。去做可能失敗的事的年輕人、「在失敗中前進」的二十來歲矽谷人士，又是另一回事。相對而言，年輕矽谷人沒什麼好失去的（雖然他們可能不這麼覺得）。然而，當你有過真正失敗過的人生經驗，肩負著其他許多人的責任，的確曉得失敗要付出的代價，卻依舊一腳踏進不確定性，那是真正值得敬佩的精神，令人熱血沸騰。我們全都認識這種令人敬佩的長者。以我來說，尤西・瓦爾迪（Yossi Vardi）是我很尊敬的榜樣，他是以色列的科技創投教父……但那只是他其中一個身分。他主辦非常好玩的 Kinnernet 大會，聚集全球最受矚目、最有趣的人士，形成一個挑戰假設的創新生態。此外，他贊助弱勢兒童學校，質疑政府現況，甚至挑戰了人們對於年齡的假設：證據是他已經七十五歲左右，卻依舊是火人祭上最受歡迎的貴賓。然而，我們太常避開他那個年紀的人。有時我們這麼做，是因為年長者讓我們看見自己的假設與偏見，甚至是我們的人性。然而，要是我們**願意放下成見聆聽**，長者其實常常能讓我們以非常不一樣的方式思考。

研究顯示，如果想要幸福，「給予」可說是最好的方法，很少有東西能打敗「給予」帶來的神經效應。人類並不是所有的行為都無私，我們所做的事目標很明確，（多數）是為了增進自己的價值感，這是深層的神經需求。本書主張我們所有的感知、概念、行為，幾乎全都以某種方式與不確定性有關……有可能朝著不確定性移動，或是遠離不確定性（這種情況遠遠較常發生），也因此我們要問的深層問題，就是當一個人增加自己的價值，他替其他人增加了多少價值。人生的抉擇，是否就發生在這裡？如果我們在當下沒有自由意志……因為我們「現在」所做的事是源自意義史的反射動作，那麼自由意志完全與「現在」無關，自由意志得靠創造出新的「未來的過去」。你藉由選擇賦予過往的經歷新意義，改變過去的意義的統計數字，進而改變未來的反射性反應。你改變你能改變的事。

感知科學讓我們成為自身感知的觀察者，我們因此需要不斷腦筋急轉彎，發現值得問的問題，那些問題有可能改變我們的世界……也或者不會。

歡迎來到「怪奇實驗室」。

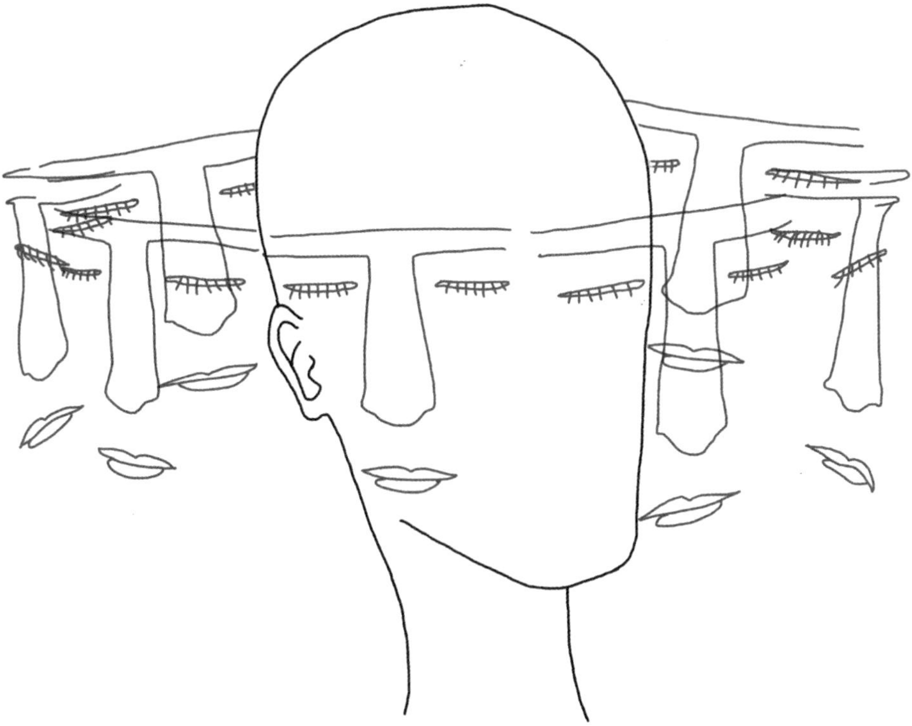

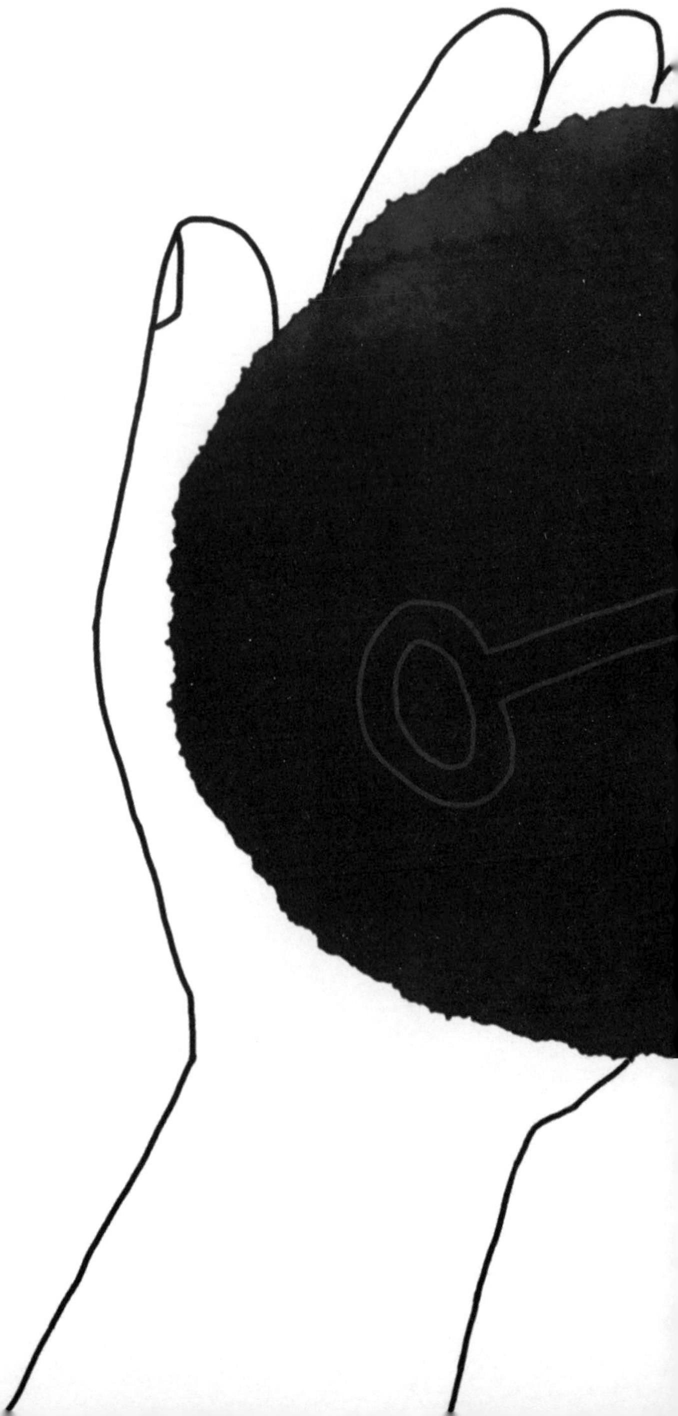

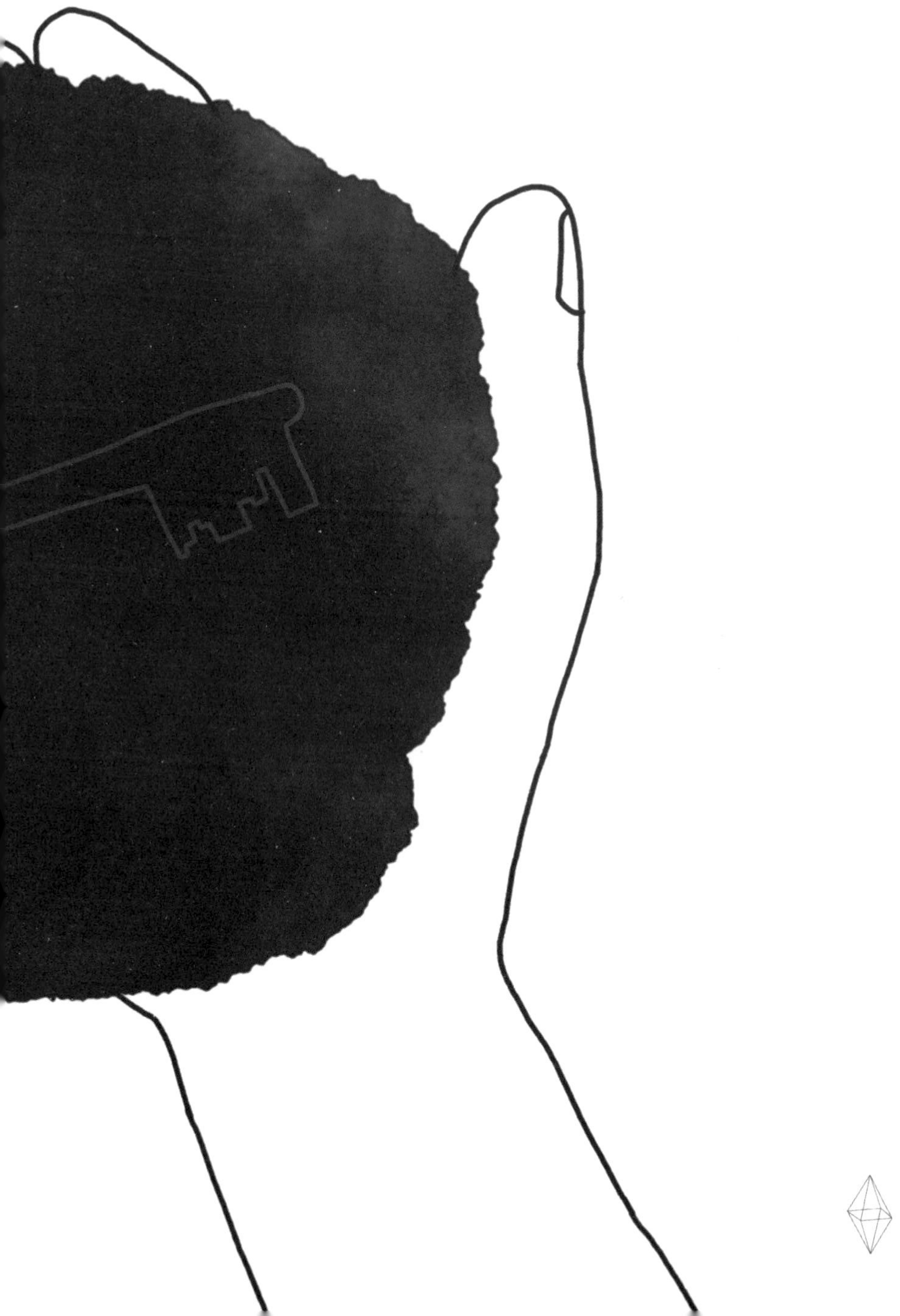

存在就是被感知。

——喬治·柏克萊

慣性思考大改造：教大腦走不一樣的路，再也不跟別人撞點子。／畢．羅托（Beau Lotto）著；許恬寧譯. -- 初版. -- 臺北市：時報文化，2019.09 | 372面；15×23公分. --（Next；264）| 譯自：Deviate : the science of seeing differently | ISBN 978-957-13-7944-9（平裝）
1.腦部 2.思考 | 394.911 | 108014110

Next 264

慣性思考大改造——教大腦走不一樣的路，再也不跟別人撞點子。

作者：畢．羅托（Beau Lotto）| 譯者：許恬寧 | 主編：陳家仁 | 企劃編輯：李雅蓁 | 特約編輯：聞若婷 | 行銷副理：陳秋雯 | 美術設計：陳恩安 | 第一編輯部總監：蘇清霖 | 董事長：趙政岷 | 出版者：時報文化出版企業股份有限公司／10803台北市和平西路三段240號4樓／發行專線：02-2306-6842／讀者服務專線：0800-231-705；02-2304-7103／讀者服務傳真：02-2302-7844／郵撥：19344724時報文化出版公司／信箱：台北郵政79~99信箱 | 時報悅讀網：www.readingtimes.com.tw | 法律顧問：理律法律事務所／陳長文律師、李念祖律師 | 印刷：勁達印刷有限公司 | 初版一刷：2019年9月27日 | 定價：新台幣450元 |（缺頁或破損的書，請寄回更換）

時報文化出版公司成立於一九七五年，並於一九九九年股票上櫃公開發行，於二〇〇八年脫離中時集團非屬旺中，以「尊重智慧與創意的文化事業」為信念。

ISBN 978-957-13-7944-9
Printed in Taiwan